本书受以下基金资助：

广东省社会科学研究基地：东莞理工学院质量与品牌发展研究中...
号：GB200101）；广东省普通高校人文社科重点研究基地：珠三...
态研究中心（项目编号：2016WZJD005）；广东省哲学社会科学...
规划2020年度学科共建项目"粤港澳大湾区开放型区域协同创新共...的建...
研究"（项目编号：GD20XYJ33）

国际科技创新中心建设研究

谭裕华◎著

Research on the Construction of
an International Science and Technology
Innovation Centre

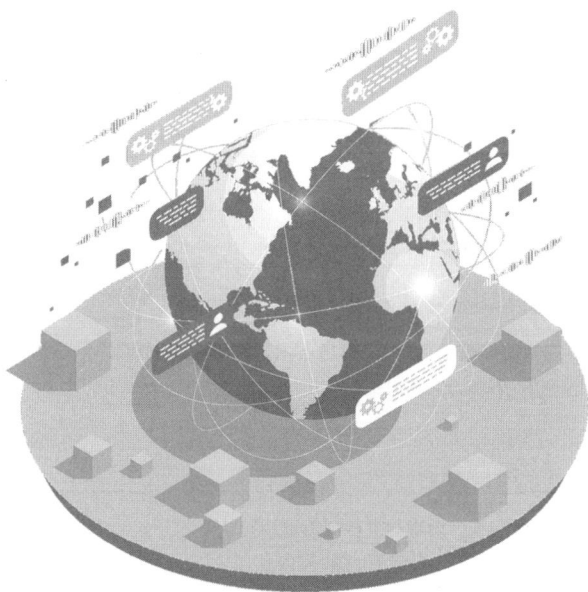

经济管理出版社
ECONOMY & MANAGEMENT PUBLISHING HOUSE

图书在版编目（CIP）数据

国际科技创新中心建设研究/谭裕华著 . —北京：经济管理出版社，2023. 11
ISBN 978-7-5096-9503-6

Ⅰ. ①国…　Ⅱ. ①谭…　Ⅲ. ①科技中心—建设—研究—中国　Ⅳ. ①G322

中国国家版本馆 CIP 数据核字（2023）第 235494 号

责任编辑：吴　倩
责任印制：黄章平
责任校对：张晓燕

出版发行：经济管理出版社
　　　　　（北京市海淀区北蜂窝 8 号中雅大厦 A 座 11 层　100038）
网　　　址：www. E-mp. com. cn
电　　　话：（010）51915602
印　　　刷：北京晨旭印刷厂
经　　　销：新华书店
开　　　本：720mm×1000mm/16
印　　　张：13. 75
字　　　数：247 千字
版　　　次：2023 年 12 月第 1 版　　　2023 年 12 月第 1 次印刷
书　　　号：ISBN 978-7-5096-9503-6
定　　　价：78. 00 元

序

我国已经进入创新驱动的高质量发展阶段。粤港澳大湾区建设国际科技创新中心，是以习近平同志为核心的党中央作出的重大决策。在中美贸易争端与科技竞争的国际环境下，国际科技创新中心建设的国家战略地位愈加重要。国家"十四五"规划提出，"支持北京、上海、粤港澳大湾区形成国际科技创新中心"。粤港澳大湾区地理范围涵盖香港、澳门与珠三角，共 11 座城市。它走在改革开放的浪尖上，也是"一国两制"伟大实践的区域，是中国特色社会主义建设的先行示范区域。粤港澳大湾区经济总量虽然已经超越东京湾区、纽约湾区和旧金山湾区，成为世界上经济总量最大的湾区，但是竞争力还是较弱，在产业链、创新链上被外国"卡脖子"的事例近年频发，经济发展质量还有待进一步提升。在粤港澳大湾区建设一体化的、自主开放的、自由平等的国际科技创新中心，对于实现中国式现代化、实现中华民族的伟大复兴，都具有非常重要的战略意义。

谭裕华博士执笔的《国际科技创新中心建设研究》一书，紧扣时代脉搏，运用大量的历史资料来论证问题，通过对浩瀚的历史事实的分析、归纳，从科技创新体系理论的角度，构建国际科技创新中心建设的理论模型。这是本书的理论创新之处。谭博士经常在大湾区 11 座城市之间穿行、生活、调研、写作、授课，因此，对粤港澳大湾区的经济发展有非常深入的感性认识与理性思考，研究粤港澳大湾区的经济发展与科技创新具有"天时、地利、人和"之优势。本书在构建模型之后，运用模型对粤港澳大湾区经济与科技一体化发展做了深入研究，提出了相应的政策建议。相信该著作对企业家以及学术同人具有一定的参考价值。东莞理工学院质量与品牌发展研究中心、珠三角产业生态研究中心对该著作进行了资助。

　　珠三角产业生态研究中心是东莞市第一家广东省普通高校人文社科重点研究基地，于 2017 年成立。东莞理工学院质量与品牌发展研究中心于 2018 年成立。两大中心以习近平新时代中国特色社会主义思想为引领，围绕珠三角产业生态、经济高质量发展开展科学研究、人才培养和社会服务工作，取得了丰硕成果。东莞理工学院质量与品牌发展研究中心被评为 2022 年度广东省社科联优秀研究基地。

　　"广州—深圳—香港—澳门"科技创新走廊是粤港澳大湾区的创新脊梁，也是粤港澳大湾区的经济中心，GDP 总量占大湾区的 3/4 以上。东莞正处于"广州—深圳—香港—澳门"科技创新走廊的地理中心位置，充分享受了四大中心城市的知识外溢，如今正在打造全国先进制造之都。东莞松山湖科学城正与深圳光明科学城联合建设粤港澳大湾区综合性国家科学中心先行启动区。华为欧洲小镇掩映在松山湖的森林与湖光山色之中。2023 年 8 月底，华为 Mate60 上市，极大地鼓舞了国内科技界的士气，让国人更有信心发展独立自主的高科技。广深科技创新走廊已经迈开实质性建设步伐，对标美国硅谷，这也为学术界探索经济与科技一体化发展提供了丰富素材。祝愿东莞本土的学术研究发展如芝麻开花节节高！祝愿我们的祖国繁荣昌盛！祝愿中华民族实现伟大复兴！

刘　川

2023 年 10 月于松山湖科学城

前　言

中国的"四大发明"通过丝绸之路传播到欧洲以后，催生了欧洲的文艺复兴，随之而来的大航海开启了人类的全球化与现代化。工业革命、科学革命、技术革命使得人类文明发生了翻天覆地的变化。世界科学中心由于全球化而此起彼落，意大利、英国、法国、德国、美国相继成为全球性的科学中心，科技发展支撑这些国家在世界舞台上崛起。我国改革开放以后加速融入世界科技体系与经济体系，取得了举世瞩目的成绩。当下，我们正面临"百年未有之大变局"，人类科技进步与国际科技竞争同在，大和平时代的人类共同体内部也出现局部的动荡与不安。我国发展自主科技需求迫切，需要以科技创新驱动经济发展。国家"十四五"规划也提出，"支持北京、上海、粤港澳大湾区形成国际科技创新中心"。建设国际科技创新中心，这是我国面临的一项崭新课题。

"国际科技创新中心"是一个跨学科的 STS（科学、技术与社会）研究领域，涉及国际关系学、科学技术史、创新经济学、创新地理学等多个学科知识，是一个复杂的、系统的概念，是人类知识发展进程中新开辟的一片土壤。笔者在求解"粤港澳大湾区开放型区域协同创新共同体构建研究"课题答案的过程中，本想运用前辈的思想模型求解，却未见有合适的"国际科技创新中心"理论模型，于是对这片未知的领域进行探索，粗陋地构建了理论模型，以此来指导笔者为我国建设世界科技创新强国、为粤港澳大湾区建设国际科技创新中心提供政策建议。

本书理论模型建立在历史唯物主义的方法论基础上，从纷繁复杂的各国历史事实中抽绎出共同的演变规律。第一章从近代九个国家的崛起历程中归纳出大国崛起的共同规律，其中最重要的一条是"科技创新是大国崛起最重要的推动力量"。第二章至第五章进一步分析美国、日本、德国、英国、法国、中国这六个当前世界上国力排在前列的大国的科技创新系统演变历程，从中提出若干理论假设。第六章从这六个大国的科创系统演变史归纳出以国家为组织单位的国际科技创新中心演变的规律，结合国家创新系统理论、创新经济学、创新地理学，构建模型，并以此模型建议我国未来之路。第七章进一步深入区域层次的国际科技创新中心的历史分析，重点分析硅谷、东京、慕尼黑、伦敦、巴黎等城市科技发展的成败因素，归纳出若干命题，构建模型。第八章分析粤港澳大湾区的城市竞争优势。科技创新中心的上位概念是国家（区域）竞争力。建设科技创新中心是为了提升国力（区域竞争力）。这里尤其关注科技创新在提升大湾区竞争优势中的关键作用。第九章从两个层次分析粤港澳大湾区科技创新中心建设的基础条件：一个是单独的每个城市的科技创新系统，另一个是都市圈内的科技创新系统对接合作，并分别找出优劣势，提出政策建议。本书研究思路见图0-1。

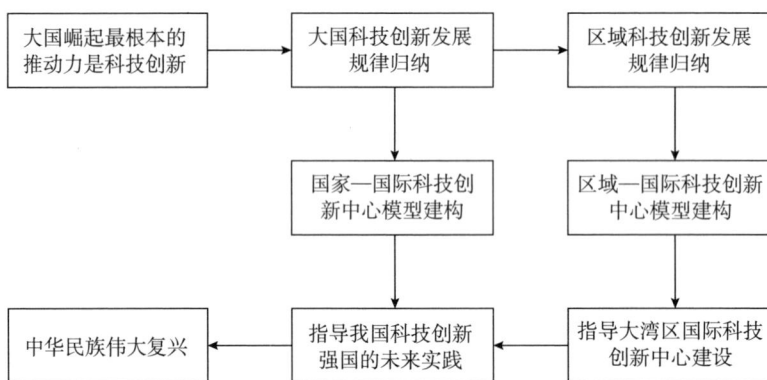

图0-1 研究技术路线

大航海时代首先崛起的国家葡萄牙、西班牙与荷兰，面对茫茫大海探险取得海上霸权以后，迷恋于金银和商业贸易，积累的财富并没有在国内发展工业与科技，由于军事实力缺少工业和科技的支撑，逐步失去霸权地位。文艺复兴催生了牛顿的《自然哲学的数学原理》，使其完成了第一次自然科学的综合，完成了第一次科学革命。随后英国光荣革命建立了君主立宪制，国内长期稳定的政治局面、宽松自由的社会环境使第一次工业革命在英国率先完成。工业与科技支撑英国建立了历史上国土面积最大的国家。在欧洲大陆上的法国，拿破仑大帝支持科技发展，使其成为科学中心，科技支撑拿破仑用武力征服欧洲大陆，但最终不敌以英国为首的反法同盟。在欧洲走廊上的德国，饱受战乱之苦的国民通过普及义务教育自强不息，国家统一后，德国实行国家资本主义，利用关税壁垒扶持新兴产业发展，在新的技术轨道上超越英国，取得欧洲工业第一大国的地位。无奈历史上战乱时期的军国主义复活，德国发起两次世界大战，国力衰退。和德国相似的是日本，东方岛国日本资源匮乏，但非常善于学习与引进技术，明治维新后发展国家资本主义，完成了第二次工业革命，工业实力支撑日本成为亚洲第一军事大国。军国主义在日本复活以后，对外侵略使日本衰落。在两次世界大战之间，发生了一次卷席全球的资本主义经济危机，"过剩"的人才带着科技流进苏联，支持苏联完成"一五"计划、"二五"计划，苏联工业实力仅次于美国。二战后美苏两极争霸，苏联终因过度发展军事重工业而拖垮民生经济并使其解体。在哥伦布发现新大陆以后，欧洲被迫害的清教徒漂洋过海到美国，带来了新科技。在第二次世界大战期间，德国被迫害的犹太人科学家陆续移民美国，"曼哈顿计划"的成功实施让美国成为全球霸主。九个大国近现代史上的兴衰，反映了工业与科技对一国国力的决定性影响。

美国是当下全球最强的科技大国与经济大国。美国科创系统建立在市场经济基础之上，从美国宪法生效、建立统一的联邦制国家以后变化不大，基本上由市场调节科创要素的流动与组合。在二战时期，国家成立国防研究委员会，集中全国的科学家和工程师迅速提升美国军事技术，政府研发支出占全国研发支出的比重最高上升至83%。这是美国在决定国家存亡关键时刻的国家行为，从此大科学时代开启，美国也稳稳地取得了全球科创中心的地位。二战后，美国政府恢复战前秩序，加快军民转化，掀起战后发明热潮。20世纪五六十年代是美国科技史与经济史上的黄金年代，阿波罗登月任务就是在这段时间完成的。还有一段特殊时期，就是日本半导体等产品威胁到美国经济地位时，美国政府组织对日贸易制裁，成立半导体制造技术联盟，从此逐渐恢复美国半导体的国际市场地位，并在90年代掀起新一代电子信息技术浪潮。近年来特朗普政府与拜登政府发起的对中国的贸易争端与科技封锁，也是政府对科技资源的配置行为。总的来说，美国科创体系建设，政府与市场联合起舞，值得借鉴。

相比之下，日本、德国、英国与法国的科创体系都存在瑕疵。日本大和民族善于学习与引进技术，明治维新后成长为亚洲第一强国。二战后日本在美国的支持下，引进高科技，在 20 世纪 80 年代成长为全球经济与科技第二强国。但是日本在军事、政治上依附美国，在日美贸易战中妥协。广场协议、"城市化尽头"、人口老龄化等诸多因素使得日本经济出现衰退。日本自身集权的、相对封闭的、以大财团为主体的科创体系也难以适应 90 年代以来的信息技术浪潮。德意志民族也是热爱学习的民族，德国是世界上最早普及义务教育的国家，建立了第一所现代大学——柏林大学，开创了把教育与科学研究相结合的先河。在德国统一后，德国科学家的自由探索与工程师的第二次工业革命让德国成为欧洲第一强国。但是军国主义与法西斯独裁统治打破了德国的市场自由与学术自由。二战后的德国分裂为东德和西德。军事研发以及部分民用科技研发被禁止，直到 1955 年核心禁令才解除，这让德国的航空、电子、通信产业发展迟缓。德国的大学教授是国家公务员，大学很少再面向实际应用展开研究工作。政府与工会对劳动市场的干预、落后的资本市场、主银行制度使德国在既定的传统技术轨道上可以精益制造，但在信息技术浪潮中反应迟钝，很少作为。日本、德国科创系统建立在国家资本主义基础上，市场自由度、学术自由度与系统开放度较低，整体效率较低。

法国与日本不一样，二战后法国迅速建立起独立自主的经济体系、国防体系，公共实验室带动了以国有企业为主体的军事工业复合体的发展，使法国在核能源与航空航天技术领域领先。法国公共实验室研究员实行"终身研究"原则，人员流动有限。军事工业复合体技术流动更受技术保密的约束。大学教授属于国家公务员，大学的预算由国家政府制定，而且大学对学生没有选拔权力，大学自主权是受限制的。法国的政府过度干预科创体系，而大学、企业、研究机构缺乏自主性，人才、知识、资本的流动受限，这也导致法国科技竞争力较弱，专利赤字。

英国与美国的科创体系都是建立在自由市场之上的，但英国的科技竞争力却较弱，主要原因是英国不能很好地把科学转化为技术。第二次工业革命时期，英国迷恋既有分工体系而忽视新兴产业，使英国领先的电气、生物、化学等大量科学发现不能转化为产业技术，被德国、美国赶超。二战后，英国具有竞争优势的产业主要是资源密集型行业，如石油、天然气、食品饮料、烟草等，中高技术密集型产业如电子电气、机械、汽车等由外来直接投资控制，英国在这些产业上的科学转化技术有限。英国科学转化为技术较顺畅的产业主要是制药业。英国研发经费占 GDP 比重低，英国政府的研发经费大部分流向了航空、电信、核电等大型复杂技术系统的开发，对民用科技带动不强。英国对水平居前 15% 的劳动力实施的博士教育在世界领先，但是对后 85% 的劳动力的大众化教育尤其是职业技术教育落后，这造成了大众对科学的吸收与传播能力弱。英国没有类似德国弗劳恩霍夫应用研究促进会的科技转化机构，工程师文化程度不高，科学家和工程师联系薄弱。这些众多科创体系的因素叠加，使得英国众多顶尖大学的科学难以转化为产业的技术。

中华民族是一个古老的民族，凭借勤奋与坚韧的品质，如今依然活跃在世界舞台上。中国科创系统与西方大国不一样的是，它经历了多次的变迁。古代中国科技以实用为导向，它与分散的小农经济、中央集权的"建郡置县"制度相结合。工业集聚并不受封建皇权支持，工业技术传播与技术进步较慢。众多的农业人口、统一的国家与肥沃的土地成就了古代中国发达的物质文明。明清时期的"自主限关"、清朝的"摊丁入亩"导致中国生产力下降，科创系统转向封闭。与此同时，西方大国在大航海之后，经历了科技革命与工业革命，走进了现代文明，东方与西方开始大分流。近代中国的科技进步多少带点被动的性质，国门被西方的洋枪洋炮打开，口岸被迫通商。传教士、洋行、外资企业带来了现代科技，国人逐渐睁眼看世界。洋务运动、洋务学堂、留学生、民族企业，相继推动中国建立近代工业体系。新中国成立后，"五路大军"与计划经济相结合，科创体系是自封闭的垂直管理的科研体系。科技进步重点体现在国防科技与重工业领域，"举国体制"在若干重点上突破以后，很难在面上推广。改革开放以后，我国科技体制改革与经济改革协同推进，对微观科创主体放权让利，以市场机制调节科创要素的流向，逐渐走出一条独特的具有中国特色的开放式自主创新的科技强国之路。

硅谷是美国最有创新活力的区域创新系统，自由、开放、平等。员工在公司之间自由流动，公司员工创业也不受竞业禁止条例的约束，大学教授或者学生都可以自由创业。硅谷对全世界开放，广纳世界优秀人才。硅谷内部也相互开放，形成公司—大学—政府—用户的创新四螺旋。自由、开放的科创要素流动就形成高带宽、高速度传播的全球知识网络。硅谷的移民彼此之间都是平等的，都是为了致富而自强。硅谷公司实行扁平化管理，管理层与普通员工都是平等的，这为科创工作者提供了宽松的工作环境。斯坦福大学等提供的人才与知识支持、军事采购、风险投资等多种因素综合地创造了硅谷。硅谷是唯一的、不可复制的，世界其他地方建设"硅谷"，要因地制宜，学习硅谷自由、开放、平等的科创制度。

每个区域建设国际科技创新中心，总是在国家科创体系大环境之下建构的，带有国家科创体系的运行特征。日本东京，利用东京湾发展出口导向的汽车、电子等重化工业，知识在由内部一体化财团链接而成的知识网络里流动缓慢，"知识凝滞"。在东京湾外围的茨城县，以政府力量建构的筑波科学城，距中心区约60千米。外围的研究机构与中心的企业集群协同度低。科研人员的社交网络稀疏，常感到孤独，这不利于科技工作者之间的相互交流与灵感激发。德国慕尼黑，和日本东京一样，是在国家资本主义基础上建构的渐进性创新的国际科技创新中心。政府引导建立了风险投资集群，并且引进了美国新一代信息产业群落，推进慕尼黑以汽车、电气、化工为主的产业集群转型，发展智能制造的工业4.0。英国伦敦在伦敦城一街之隔以东的原来的贫民区转型为文创区，再转型为数字经济集聚区。东伦敦科技城以伦敦的优势产业如金融、教育、医学研究、医疗资源为基础，衍生出金融科技、数字教育、医学集群。这都是在自由市场基础上繁衍的。伦敦现已是全球第一大金融科技中心、全球第三大生命科学中心。法国巴黎在萨克雷高地建设科技创新中心，以大科学装置与大学为核心吸引企业集聚，发展成为欧洲第二大科创中心。法国科创体系以政府和国企为主导的弊端在萨克雷科技创新中心也有所体现：多头管理、交通拥堵、风投落后、中小企业与初创企业科研投入低、企业与大学之间的知识网络联系不通畅，等等。

我国在北京、上海、粤港澳大湾区建设国际科技创新中心。粤港澳大湾区处在"一国""两制""三关税区""三种货币"的特殊制度环境之下，有香港、澳门两个特别行政区，深圳、珠海两个经济特区，是我国开放程度最高、经济活力最强的区域之一。深圳还是我国中国特色社会主义先行示范区。虽然粤港澳大湾区2022年GDP总量为1.85万亿美元，超过东京湾的1.8万亿美元、纽约湾的1.7万亿美元、旧金山湾的0.8万亿美元，但是人均GDP较其他三大湾区仍相差很远。粤港澳大湾区2022年人均GDP为2.2万美元，不及东京湾的4.1万美元、纽约湾的8万美元、旧金山湾的10.5万美元。人均GDP是衡量区域发展水平的更真实的指标。

粤港澳大湾区在改革开放以后，在国际科技创新中心建设上取得了骄人成绩，高新技术企业、大学、实验室体系、大科学装置的建设快速而稳健地发展。但是，粤港澳大湾区与美国旧金山湾区的硅谷相比，差距较大。主要表现在：第一，大学与高新技术企业的竞争力较弱。大湾区最好的大学在香港。2024 年 QS 世界大学排名：香港大学排在第 26 位，香港中文大学排在第 47 位；硅谷的斯坦福大学排在第 5 位，加州大学伯克利分校排在第 10 位。高新技术企业，深圳最为集聚。2023 年世界 500 强企业排名：华为排在第 111 位（苹果第 8 位），正威第 124 位，腾讯第 147 位（Alphabet 公司第 17 名），比亚迪第 212 位（特斯拉第 152 位）。另外，香港的联想集团排在第 217 位，佛山的美的集团排在第 278 位，珠海的格力电器落选 500 强。粤港澳大湾区的大学基础研究能力、高新技术企业的技术开发能力还需要高质量发展，追赶硅谷的竞争力，不能仅停留在成本优势与规模优势层面。第二，区域一体化水平较低。硅谷内部各个县市要素与产品是自由流动的，完全一体化。粤港澳大湾区涉及三个关税区，科创要素跨境流动受很多条例约束。香港的世界一流大学与深圳的世界一流的高科技企业并不能很好地协同，这与斯坦福大学、加州大学与周边企业的融合相距甚远。澳门、珠海之间同样如此。第三，创新文化建设有待加强。学术自由探索、包容失败、更多地吸收海外技术移民、扁平化管理、联系更加紧密的知识网络、风险投资，这些都需要粤港澳大湾区每个城市共同努力，建设"9+2>11"的一体化的国际科技创新中心。

本书的写作特点是运用大量历史事实来论证，基于科技与经济一体化的视角，遵循"实践—理论—再实践"螺旋式上升的技术路线，通过对科技史与经济史相结合的综合考察，归纳出由若干逻辑上自洽的命题组成的理论模型，再运用国际科技创新中心的理论模型指导实践。经济学研究经常会忽视历史，也经常把科技进步放进黑箱。笔者才疏学浅，也限于历史数据的缺失，没有运用计量经济模型来分析与解决问题，而是尝试运用历史唯物主义的研究方法来分析与解决问题。国际科技创新中心建设，这是一个新的学术领域，笔者的研究肯定还有诸多纰漏之处，敬请各位同人不吝指正！

目　录

第一章　大国崛起及其对中华民族伟大复兴的启示

中华民族是伟大的民族，古代中国创造了辉煌的中华文明，近代中国却遭遇资本主义列强侵略，逐步沦为半殖民地半封建社会。在中国共产党的带领下，中国人民取得了新民主主义革命胜利，创造了中国特色的社会主义建设的伟大成就。在庆祝中国共产党成立100周年大会上，习近平总书记指出，"我们比历史上任何时期都更接近、更有信心和能力实现中华民族伟大复兴的目标"。但是，我们也面临"百年未有之大变局"，全球局势错综复杂。"以史为鉴、开创未来"，系统地比较分析各个世界大国崛起与衰落历史，对于指导我们实现"全面建成社会主义现代化强国"第二个百年奋斗目标、构建人类命运共同体，意义重大。

第一节　大国国力"蜂巢模型"的构建

公元15~17世纪是大航海时代，人类开辟新航线、发现新大陆，真正进入全球化。在大西洋、太平洋两岸，相继崛起九个主导世界秩序的大国，它们在世界霸权舞台上此起彼落。国力是一个国家实力及其在国际舞台上影响力的合力，它体现为一国 GDP、人均 GDP、工业总产值、军事国防能力、人民对政府的满意度、一国对国际秩序的话语权等一系列指标。本书中笔者构建了国力的六因素决定模型，包括地理、文化、政治、经济、科技、军事六个因素，六大因素相互联系、相互影响。它们的连线组合形似蜂巢，因此以"蜂巢模型"命名（见图1-1）。

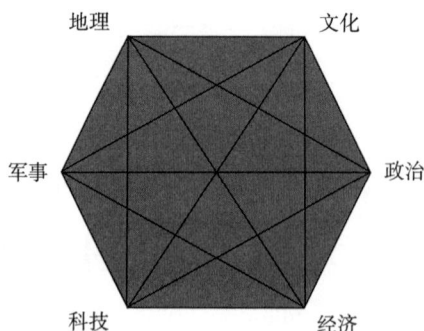

图 1-1　国力"蜂巢模型"

第二节　基于"蜂巢模型"的大国国力兴衰的比较分析

一、葡萄牙、西班牙

在地理上，葡萄牙西临大西洋，位于欧洲大陆最西边。由于中世纪葡萄牙通往东方的陆上商路被其他大国封锁，贫穷的葡萄牙人被迫向未知的海洋寻求出路。1143 年，葡国独立、统一，建立了欧洲首个君主集权国家。这是葡萄牙开启大航海时代的必要政治条件。相比之下，意大利虽然坐拥地中海腹地，也是文艺复兴发源地，但由于国内政权分裂，它在大航海时代落后了。15 世纪初，葡国亨利王子倾全国之力，支持航海家探险，寻求通往东方的海上商路。他们建立航海学校、天文台、图书馆，召集各学科最优秀的人才，论证新航线的可行性；为适应大西洋航海条件，创造出一种独特的多桅三角帆船。在改进的中国指南针的指引下，1487 年，航海家绕过非洲好望角；之后，不断发现新航线，武力征服原住民，在亚洲、非洲、美洲（巴西）建立殖民地。东方的香料、丝绸、陶瓷通过葡萄牙流入欧洲，大量的金银流入葡萄牙。16 世纪初，葡萄牙发展成为海上贸易第一大国，垄断全球一半的商船航线。

西班牙东邻葡萄牙。1492 年，西班牙统一。伊莎贝尔女王资助哥伦布向西远航发现美洲新大陆，这是航海时代中最重要的发现。1494 年，葡萄牙、西班牙签订条约，瓜分世界。1519~1522 年，麦哲伦完成人类首次环球航行。西班牙利用坚船利炮肆意掠夺美洲原住民，从美洲掠夺的金银不断流入西班牙。16 世纪末，它占有全球 83% 的金银开采量。

葡萄牙、西班牙取得海上霸权之后，积累的财富并未用来发展工业，难以用雄厚物质基础支撑海军力量与殖民统治。随着后起之秀荷兰、英国、法国相继加入航海探险，葡萄牙、西班牙因为军事力量较弱战败而衰落。1580 年，葡萄牙被西班牙侵占。1588 年，西班牙"无敌舰队"被英国海军击败。16 世纪后期，葡萄牙、西班牙逐渐在世界霸权舞台上谢幕。

二、荷兰

在地理上，超小型国家荷兰位于欧洲西北部，西边、北边都是北海，拥有莱茵河、马斯河入海口，通过河网连接欧洲内陆。荷兰人具有丰富的创造力，他们发明了用刀去掉鲱鱼鱼鳃、鱼肠后用盐腌制的独家保鲜技术，建立起发达的鲱鱼产业链，鹿特丹等商港因此兴起。他们还发明了不设置炮台、大船肚、小甲板的低成本商船。凭借独特商船，荷兰发展成为大航海时代的葡萄牙、西班牙与欧洲之间的商品集散地。1588 年，荷兰联省共和国成立，商人首次享有充分的政治权利。16 世纪末，荷兰控制了欧洲绝大部分的海上贸易。1602 年，荷兰成立史上首家股份制公司——东印度公司，还发明了股交所、银行、保险、信用。1648 年，荷兰独立。1656 年，荷兰使团拜访北京，与当时最强大的国家——中国通商。17 世纪中叶，荷兰商业繁荣到达顶点，成为全球第一大海上霸权国家，占有全球一半贸易额；荷兰还占据中国台湾，垄断日本外贸，占领南美巴西，在北美洲建造新城，也就是今天的纽约。由此，荷兰崛起。

荷兰本土面积很小，约 4 万平方千米，人口少，国内市场小，缺少煤、铁、土地、工人，重工业落后，难以支撑海军的物质需要，海军军费投入不够，经济过度依赖国际贸易、国际借贷，当国际关系紧张时，收入大幅下降，这一系列因素决定了荷兰走向衰落。17 世纪末期，荷兰对英国、法国战争失败。1795 年，荷兰共和国被法国占领，灭亡。荷兰因工业和军事力量落后而衰落。正如马克思指出："荷兰作为一个占统治地位的商业国家走向衰落的历史，就是一部商业资本从属于工业资本的历史。"

三、英国

在地理上，英国是大西洋东岸的岛国，天然适合发展远洋贸易。16世纪，英王伊丽莎白一世默许、鼓励海盗抢夺西班牙商船，资助航海探险、开拓殖民地。1588年，英国海军凭借新研制的远程火炮，战胜西班牙"无敌舰队"。17世纪，英国击败荷兰，取得海上霸主地位。英国与葡萄牙、西班牙、荷兰不一样：英国海军以强大的工业实力为支撑，英国的殖民帝国更广大、更长久。1914年，英国全盛时期帝国面积约3400万平方千米，统治着世界1/4的人口。

16世纪，西欧文艺复兴思潮传播到英国，催生出人类第一次科技革命。1687年，牛顿出版《自然哲学的数学原理》，开启科学时代。1688年，英国爆发光荣革命。1689年，英国颁布《权利法案》，建立君主立宪制，形成长期稳定的政治局面、宽松自由的社会环境。圈地运动、海外殖民为资本主义提供了原始资本积累、自由雇佣劳动力、原材料与海外市场。英国率先实施专利法，激励瓦特在1765年研制成功万能蒸汽机，推动工业革命加速发展。1776年，亚当·斯密出版《国富论》，促进英国自由资本主义发展。19世纪40年代，英国率先完成第一次工业革命，工业总产值约占全世界的40%，建成第一个现代化国家。英国强大的工业支撑其发展全球范围的贸易、殖民和军事，建立了人类史上最庞大的国家。

大英帝国在全球推行自由贸易的目的是维护既有的国际分工秩序：从殖民地向英国输入原材料、劳动力，从英国向全世界输出纺织品、煤炭、生铁、蒸汽机等第一次工业革命产品。但是，英国在第二次工业革命中缺少对新兴产业的投资。相反，美国、德国在国内构筑高关税壁垒，利用英国开放的市场，快速发展电气、化工、内燃机等新兴产业，赶超英国。经受两次世界大战摧残，英国国力大幅下降，殖民地相继独立。英国霸主地位逐渐和平地让渡于美国。

四、法国

在地理上，法国濒临大西洋和地中海。进入大航海时代之后，法国把贸易中心从地中海沿岸迁移到大西洋沿岸，并向海外殖民扩张。1661~1715年，路易十四亲政，建立起中央集权的绝对君主制，通过战争成为西欧霸主。同期，资本主义在法国萌芽。在英国近代科技革命影响下，法国的伏尔泰、卢梭等进步的思想家积极反对王权、神权、特权，主张自由、民主、理性。1789年，法国启蒙运动的思想演变成行动。法国大革命推翻绝对君主制，建立第一共和国，通过《人权宣言》，建立资产阶级专政。之后，法国经历多次政变、革命。1804年拿破仑建立第一帝国，颁布巩固资本主义秩序的《法国民法典》。拿破仑通过战争征服欧洲大陆，摧毁封建制度，传播大革命思想，建立了庞大的帝国体系。这是法国最辉煌的时期。

然而，过度依靠武力征服的国力并不稳固。以英国为主的第六次、第七次反法同盟，最终战胜法国。战败后法国社会持续动荡，没有为工业革命提供良好的环境。小（块）土地所有制限制了机械推广；以奢侈品为主的轻工业大量使用手工劳动，约束了机器的使用；银行资本不愿意投资工业；法国缺少工业所需要的煤、铁。这一系列因素使得法国工业革命进展缓慢。20世纪的法国又被两次世界大战摧残。二战后，戴高乐将军建立独立自主的工业体系、科技体系，才使法国逐渐恢复昔日大国的实力与地位。

五、德国

在地理上，德国位于欧洲中部，北临北海、波罗的海。虽然临海，但德国在大航海时代正处于几百年的战乱时期，国家四分五裂，没有力量去航海探险。1815年，德意志邦联成立，但各邦国拥有自主权，尚未统一。19世纪30年代，德国发挥"欧洲走廊"优势，大规模修建铁路，以此带动煤炭、钢铁、机械等工业发展，由此第一次工业革命开始。1834年，德意志关税同盟建立，稠密铁路网连成统一的国内市场。1871年，德意志帝国成立，德国统一。宰相俾斯麦统一货币、度量衡与邮政，统一经营铁路与交通运输，以国企和经济政策的方式实行李斯特主张的国家资本主义。德国利用第二次工业革命的科技力量，利用高关税扶持发展新兴产业，快速赶超英国、法国。16世纪中期，德国最早普及义务教育。1694年，德国建立欧洲第一所现代大学——哈勒大学。19世纪上半叶，教育改革使得德国教育领先世界，并为工业化提供了充足的人力资源。1910年，德国工业总产量领先欧洲，化工产量领先全球。

德国工业化与国防军工紧密关联。随着德国的崛起，几百年战乱留下的军国主义逐渐复苏。1914年，威廉二世发动一战。1939年，希特勒发动二战。战败后的德国经济崩溃，分裂为东德、西德。通过侵略战争实现国家发展的道路再次被证明行不通。二战后，德国清理纳粹流毒，允许盟军进驻，实现全国非军事化，节省军费支出。1947 年，德国在美国"欧洲复兴计划"援助下，重建家国。1951 年，联邦德国加入《关于建立欧洲煤钢共同体的条约》。1965 年，欧洲共同体成立。1990 年，德国再次统一。1993 年，欧盟成立，德国是欧盟最重要的成员国。当前德国是全球第四大经济体。

六、日本

在地理上，东方岛国日本位于太平洋西岸。在大航海时代，德川幕府"锁国"，并无作为。1853 年，黑船事件发生。次年，日本被迫对外开放港口，与列强签订一系列不平等条约。1868 年，明治政府"版籍奉还""废藩置县"，确立以天皇为核心的中央集权。"富国强兵""殖产兴业""文明开化"，促使日本崛起。1871 年，岩仓使节团出访欧美；之后，日本大量引进欧美先进技术、机器设备、工程师，完成第二次工业革命。日本以高地税实现资本积累，发展国家资本主义：统一货币；设立日本银行、工部省；建立军工厂、矿山、铁路、航运等国营企业；扶持民营企业发展，向政商出售国企股权。然而，日本文化全盘西化，导致传统文化与西方文化出现强烈冲突。1889 年，《大日本帝国宪法》颁布实施，保留相扑、茶艺等传统文化，但以法律形式确立了天皇的绝对权力。这为军国主义抬头播下了种子。1894 年，日本在甲午战争中击败大清帝国；1904 年，日本在日俄战争中战胜沙皇俄国，成为亚洲第一军事大国。1914 年，日本参加一战。1939 年，日本发动二战。1945 年，美军向日本广岛投下原子弹，日本投降，明治维新以来的资本主义物质文明毁于战火。这再次证明侵略战争不是国家发展的正确道路。

1947 年，日本《和平宪法》实施，军国主义清除，天皇只是作为国家象征而存在。由于保留了科技文化、人力资本与经济制度等软实力，二战后的日本在美国扶持下快速恢复经济。1968 年，日本发展为美国、苏联之后的第三经济大国。当今日本是美国、中国之后的第三经济大国。

七、俄罗斯

在地理上，俄罗斯濒临北冰洋、太平洋，拥有漫长的海岸线，但近海封冻期长，航运能力差，所以俄罗斯在大航海时代落后了。1700～1721 年，彼特一世发动北方战争，从瑞典夺取波罗的海出海口，创造海权条件。彼特一世向西欧学习，在多个领域改革，发展工商业。1721 年，彼特一世建立帝国。1762～1796 年，叶卡捷琳娜二世对内开明专制，对外开拓疆土，从土耳其夺得黑海出海口，通过军事扩张，领土横跨亚、欧、北美三大洲，成为欧洲最强国家。但是，两位大帝维护农奴制，农奴制阻碍工业化，军事实力需要工业支撑。没有强大工业支持的俄罗斯军队，在世界上第一次现代化战争——克里米亚战争中战败。

1861 年，俄国废除农奴制，获得大量自由劳动力，进入资本主义阶段。1917 年十月革命胜利，建立首个社会主义国家。1921 年，列宁实施新经济政策，把商品、货币、市场机制引进社会主义建设。新生的社会主义为苏联崛起打下稳固的制度基础。1928 年，苏联实施"一五"计划，人民建设热情空前高涨。1929～1933 年，资本主义经济危机卷席全世界。过剩的资本、技术、人力资本涌进苏联，为苏联崛起打下科技基础，大大加快了社会主义工业化进程。1937 年，苏联超额完成"二五"计划，工业总产值仅次于美国。在二战中，苏联战胜法西斯德国。二战后，苏联在美苏冷战中，取得军工上的辉煌成绩。但是，过度发展重工业、军事工业，忽视轻工业、农业，人民生活得不到改善。沉重的军备竞赛最终拖垮了经济。1991 年苏联解体，俄罗斯继承苏联大部分军事力量，是联合国五个常任理事国之一，拥有全球最大的核武器库。

八、美国

在地理上，美国东西濒临海洋，天然适合发展远洋贸易；平原辽阔，资源丰富。1776 年，北美洲 13 个英属殖民地独立，美国成立。1787 年，美国宪法制定，确立总统制民主共和政体。1789 年，美国宪法生效，建立了统一的联邦制国家，为美国崛起确立了政治优势。欧洲迁往美国的移民快速增加，他们带来了大量先进的科技，促进美国第一次工业革命跨越式发展。1861～1865 年，美国发生南北战争，最终消灭农奴制，为工业化提供了大量自由劳动力。在资本主义市场制度，尤其是专利保护制度的激励、引导下，在美国高关税壁垒保护下，美国新技术、新发明层出不穷。伴随工业革命的，是美国的对外收购拓展疆土。长达一个世纪的西进运动，使美国中西部农业快速发展，与东部工业协调，为大国崛起打下经济基础。在第二次工业革命中，美国赶超英国。1894 年，美国工业总产值全球领先，成为全球第一大经济强国。

美国在资本主义发展过程中面临多次危机，但都能自我修复。1929～1933年，美国爆发经济危机。1933年，罗斯福总统采用凯恩斯主义政策干预经济。1935年，美国经济逐渐恢复。相比之下，大萧条迫使德国、日本走向军事扩张，发动二战。二战让英国、法国、德国、日本都受到巨创。美国凭借制造能力在二战中成为"民主国家兵工厂"，在二战中获益。二战后，美国取得世界霸权，并在美苏冷战中胜出。当前，美国是国际舞台上唯一的超级大国。

第三节　大国崛起的规律

一、有利的地理条件是大国崛起的先天条件

临海是崛起大国的共同地理特征。葡萄牙、西班牙、荷兰靠近大西洋。荷兰除了临海外，还有河网连接内陆。英国、日本都是岛国。法国、德国兼具海权、陆权；德国还是欧洲走廊。俄罗斯是传统的陆权国家，通过领土扩张，取得波罗的海、黑海出海口，提升海权。美国国土东岸西岸都接海洋，是大陆型岛国。

国土辽阔的国家更有崛起优势，国土太小容易被侵占。小型国家葡萄牙仅9万平方千米，曾被西班牙侵占。超小型国家荷兰仅4万平方千米，曾被法国占领。大型国家西班牙50万平方千米、法国55万平方千米。中型国家英国24万平方千米、德国35万平方千米、日本37万平方千米。巨型国家俄罗斯1709万平方千米、美国937万平方千米。俄罗斯和美国崛起后，演变成为世界两大超级大国。

资源丰富的国家更有崛起优势。俄罗斯和美国矿产资源储量全球数一数二，为超级大国强大的工业、军事力量打下牢固基础。法国、荷兰缺煤、铁，英国、德国煤、铁丰富，因此英国、德国工业革命成果比法国、荷兰更丰硕，国力更强大。

二、创新、进取文化是大国崛起的精神支柱

大国崛起之前都有一场国人觉醒的文化运动。思想解放是大国崛起的精神

动力。文艺复兴由意大利传播到西欧各国。葡萄牙、西班牙率先研究天文、地理、数学、航海技术，创制帆船，开启大航海时代；英国开启科学时代，兴起世界范围的工业革命。法国启蒙运动推进法国大革命。德国宗教改革促使教育普及，走向近代。俄罗斯、日本在崛起之前进行了文化西化。马克思主义在俄罗斯孕育了第一个社会主义国家。美国文化源自欧洲文化，并在"西进运动"中培养出独特的、热爱冒险、崇尚自由的"牛仔精神"，这也是美国科技创新源源不断的精神动力。

三、统一的民族国家是大国崛起的政治条件

大国崛起之前必须统一主权，统一稳定、独立自主的民族国家才有资格谈论崛起。葡萄牙在欧洲中世纪动荡的封建割据中，率先建立统一的君主集权的国家，率先集中国力航海探险，率先崛起为世界大国。西班牙统一以后，女王资助航海，哥伦布发现新大陆。荷兰独立后，国力鼎盛。英国光荣革命，建立君主立宪制，建立日不落帝国。法国大革命，建立第一共和国，拿破仑建立帝国并征服欧洲大陆。德意志帝国成立，发展国家资本主义，德国崛起。明治维新确立以天皇为核心的中央集权，发展国家资本主义，日本崛起。彼得一世建立俄罗斯帝国，叶卡捷琳娜二世将其发展成为欧洲军事实力最强大的国家；苏联成立后，社会主义制度优势使之发展成为超级大国。1789 年美国宪法生效，美国成为统一的中央集权的联邦制国家，通过工业革命快速崛起，二战后发展成为超级大国。

四、工业农业是大国崛起的根本的物质力量

崛起的大国必定是物质殷实的大国。大国要持续振兴，工业、农业是根本的物质力量。率先崛起的葡萄牙、西班牙、荷兰，三个大国在世界殖民，发展国际航运、贸易、借贷，金、银流入国内，但国内工业、农业落后，难以支撑海军发展，因而衰落。英国领导第一次工业革命，实现国富兵强，建立史上最庞大的国家。但是，英国在第二次工业革命中保守落后，被德国、美国赶超。法国依靠拿破仑的军事扩张崛起，但兵败滑铁卢之后，国内政局动荡。加上法国缺少煤、铁，小土地所有制限制机器使用，以手工为主的奢侈品生产主导工业，银行家不愿意投资工业，一系列因素造成法国工业实力稍逊，国力稍逊。德国煤、铁丰富，铁路网络密集，重工业发达，在第二次工业革命中赶超英

国。德国工业化与军国主义紧密关联，国力因发动两次世界大战而被削弱。日本因明治维新大力发展工业，但与德国一样实施国家资本主义，因军国主义发动世界战争而衰落。俄罗斯帝国工业发展受农奴制制约，结果在现代化战争中战败。苏联两个五年计划充分吸收资本主义国家的科技、资本、人才，快速工业化而崛起为世界第二大国。但是，苏联过度发展重工业、军事工业，忽视轻工业、农业，沉重的军备竞赛最终拖垮了经济。美国在第二次工业革命中积极发展新兴战略产业，赶超英国，并通过"西进运动"大力发展农业，产业结构协调，美国全球第一的经济地位由 1894 年保持至今。

五、科技创新是大国崛起最重要的推动力量

葡萄牙、西班牙、荷兰凭借领先的航海技术，带领人类进入全球化。英国开启科学时代，引领第一次工业革命，建成人类最庞大的国家。法国戴高乐将军在二战后建立起独立自主的科创体系，恢复昔日大国地位。德国最早普及义务教育，建立第一所现代大学，诞生了爱因斯坦、普朗克等伟大科学家。日本、苏联大量引进国外先进技术、机器设备、工程师，利用科技后发优势实现赶超。美国利用欧洲移民带来的技术起飞，并在专利保护制度激励下，科技创新源源不断，发展成为超级大国。

六、军事强大、和平外交是大国崛起的坚实后盾

世界大国必定是军事强国，但想持续兴旺还须和平外交。在大航海时代，宗主国利用坚船利炮建立殖民体系，后来霸权地位衰落皆因处于下风的军事力量：葡萄牙败给西班牙、西班牙败给英国、荷兰被法国占领。英国强盛的海军支撑其庞大的殖民体系，但随着殖民地国力增长、相继争取独立，英国难以承受大幅提升的管理经费，帝国最终瓦解。拿破仑的军队征服欧洲大陆，但最终因战线过长而兵败滑铁卢。德国、日本发动非正义的世界大战，战败。这些证明了：对外侵略战争不能让大国持续兴旺，只能让其衰落。苏联重工业、军事工业发达，但国力被过度的军备竞赛拖垮。美国是大陆型岛国，立国以后长期奉行孤立主义，不卷入外部军事冲突，在一战前崛起成为经济最强国家，在二战中成为"民主国家兵工厂"。二战后美国取得世界霸权，发动过若干战争，但不像殖民时代的英法，二战时期的德国、日本那般发动世界范围的侵略战争，其霸权地位得以维持。

第四节　大国崛起的规律对中华民族复兴的启示

一、挖潜地理优势

在农业社会，我国是世界第一大国，源于我国适合农业发展的高度发达的净初级生产力（NPP）与稠密的人口。在大航海时代，清朝的闭关锁国政策使我国错失工业革命的机遇，农业文明落后于西方工业文明。未来我国有望在第四次工业革命中实现弯道超车，这需要我们挖潜新的地理优势，开发新的矿产资源、新能源、新材料，集约利用。在全球化时代，海权重要性凸显。未来我国经济重心还将在沿海地区，要重点发展湾区经济，建设若干国际科技创新中心。加强控制南海，解决台湾问题，突破第一岛链封锁，提升海权。高质量共建"一带一路"，推动我国中西部发展，推动亚欧非大陆一体化，形成世界岛，提升我国陆权。

二、坚决捍卫国家主权和领土完整

复兴的中华民族必定是团结统一的中华民族。坚决粉碎任何"台独""港独""藏独"图谋。全国各族人民在共产党领导下，遵循"一个中心、两个基本点"，全面建设社会主义现代化强国。

三、坚持和发展马克思主义

鸦片战争后，西方资产阶级文化、马列主义在我国传播，中华文化转型，国人觉醒。中国共产党运用马克思主义基本原理指导实践，取得了伟大成就。我国必须坚持以马克思主义为指导，大力推动马克思主义中国化、时代化、大众化。"在新的征程上，我们必须坚持马克思列宁主义、毛泽东思想、邓小平理论、'三个代表'重要思想、科学发展观，全面贯彻新时代中国特色社会主义思想。"

四、高质量发展工、农、服务业

高度重视工业发展，充分利用第四次工业革命科技红利。维护粮食生产安全。推动工、农、服务业向智能化、区域化高质量、协调地发展，打下国家崛起的雄厚物质基础。适当运用关税保护与政策扶持，大力发展新兴战略产业，在新赛道上赶超欧、美、日。重点发展科技服务业，完善科创生态。改造升级军事工业，推动军民融合。深化经济体制改革，激发各方潜力。

五、实施创新驱动战略

科技创新坚持"四个面向"：面向世界科技前沿、面向经济主战场、面向国家重大需求、面向人民生命健康。以构建适应大科学时代的国家实验室体系为抓手，强化国家战略科技力量，同时调动地方、企业等多元投入力量，加强基础研究。构建政府、企业、大学紧密协同的三螺旋创新生态，在行业共性关键技术上组建科研创新联盟，提升科技供给质量，提升产业链供应链自主可控能力。放宽技术移民限制，吸引全球一流科学家来华。建设与国际接轨的科学文化，推动科普工作。分类完善科研绩效评价制度。通过科教融合、校企合作等方式，培养本土的世界级科学家，在北京、上海、粤港澳大湾区建设国际科技创新中心。

参考文献

［1］习近平．在庆祝中国共产党成立 100 周年大会上的讲话［J］．党建，2021（7）：4-7．

［2］谢宜泽，胡鞍钢．认识中国复兴之路——基于综合国力和国家能力的视角［J］．新疆师范大学学报（哲学社会科学版），2019（11）：27-39．

［3］约翰·梅里曼．欧洲现代史：从文艺复兴到现在［M］．上海：上海人民出版社，2015．

［4］顾卫民．荷兰海洋帝国史（1581-1800）［M］．上海：上海社会科学院出版社，2020．

［5］马克思恩格斯文集（第七卷）［M］．北京：人民出版社，2009．

［6］潘润涵，林承节．世界近代史［M］．北京：北京大学出版社，1999．

［7］夏禹龙，戴雪梅．论中国现代化的特色之路［J］．探索与争鸣，2012（6）：3-10．

［8］邓久根，贾根良．英国因何丧失了第二次工业革命的领先地位？［J］．经济社会体制比较，2015（7）：32-41．

第二次世界大战期间，美国实行布什模式，集中全国顶级的科学家、教授研发新型武器，依靠美国制造能力快速生产杀伤力强大的军火。美国在日本广岛、长崎投下两颗原子弹后，二战基本结束了。二战后美国继续推动军用科技向民用科技转化，完成第三次工业革命。同时政府加大对研发的资助，与苏联开展军备竞赛。美国 20 世纪五六十年代是经济增长、科技进步的黄金时期。70 年代石油危机后，美国经济低迷，政府对科研资助大幅减少。80 年代《拜杜法案》颁布之后，中小企业加速发展，在大学周围形成高科技产业集群。为了应对日本工业品对美国的挑战，美国工厂转移至亚洲成本洼地，适逢中国对外开放招商引资。1980 年至今，是美国科技全球化与本土化相结合的时期。美国科创系统演变受国内外政治、经济、军事等综合因素影响，不同阶段的科创系统具有不同历史条件下的系统特征。

第二节　美国科创系统演变历程的考察

一、独立发明家主导时期（1776~1907 年）

美国原为印第安人聚居地，拥有古老原始的科技文明。1492 年，哥伦布发现美洲新大陆。海盗用火枪大炮征服原住民的弓箭长矛，并带来欧洲的科技文明。1776 年，美国建国。建国初期，美国为农业国，是英国最大的原料产地和商品市场。棉产量长期稳居世界前三，具有发展纺织业的巨大潜力。英国为维持它全球纺织业的主导地位，对美国高度警惕，封锁纺织技术出口。英国议会立法规定：机器设备（包括相关图纸、模具乃至零部件）一律不得出口；相关技术人员（掌握纺织、机器制造、煤铁冶炼等）不得移民他国。

面对英国的技术封锁，美国国会在 1790 年颁布首部专利法，规定专利授予对象只能是美国人。配合其他优待、奖励、税收减免等，此举意在鼓励国外技术工人移民美国。美国还组建科技情报间谍网络，潜入英国窃取技术；协助英国技术工人伪造身份移民美国；或由外交人员将之潜藏"携带"出境。美国最初的技术引进就是在这种"科技战"的背景下进行的。18 世纪末，欧洲工匠与技术工人陆续向北美洲迁移。科学技术也源源不断地从欧洲流进美国。

第一次工业革命逐渐在北美传播。进入 19 世纪，砸棉机、缝纫机、轮船等发明渐次在美国出现。标准化生产大大推动了机器制造业的发展。在 1851 年第一届世界博览会上，"美国制造"模式震惊欧洲。19 世纪中期，美国完成了第一次工业革命。

美国第一次工业革命的科技进步主要从英国引进技术、消化吸收，是在英国科技封锁条件下，以新大陆美好生活吸引欧洲技术移民而完成的。当第二次工业革命来临时，美国与欧洲差不多在同一时间起跑，但基础科学和前沿技术还得从欧洲引进。美国企业积极引进欧洲（主要是德国）的电气化技术，通过逆向工程进行工艺创新，构筑关税壁垒维护国内巨大市场，实现新兴产业的"内循环"。反观英国，它在第二次工业革命中，致力于将传统的纺织品、蒸汽机推向世界，企图通过自由贸易扼杀其他新兴国家的工业化，忽视了新兴产业投资，并且大量进口新兴产品。英国新兴产业科技的薄弱让后发的德国、美国在第二次工业革命中，在新的电气化的技术轨道上快速发展并实现对英国的赶超。1894 年，美国工业总产值全球领先，成为全球第一大工业强国。

在前两次工业革命中，科学家或者发明家都是单打独斗。无论是牛顿（英）、麦克斯韦（英），还是瓦特（英）、富尔顿（美）、本茨（德）、爱迪生（美）等，这是小科学时代。蒸汽化技术更多的是工匠技术，电气化技术更多与基础科学（如电磁理论）相结合。美国从欧洲引进的蒸汽化技术、电气化技术更多的是面向实践应用，本土基础科学薄弱。本土科研大多是业余的科技爱好，如本杰明·富兰克林对电荷的研究；约瑟夫·亨利发明继电器，发现电磁感应等。这阶段为独立发明家时期。企业研发薄弱，主要由企业向外部的独立发明者购买专利。随着专利市场规模增长，专业发明家也在增多，学会、期刊与政府科学机构陆续出现。1862 年，《莫里尔赠地法案》颁布，促进州立大学面向地方产业应用发展。1876 年，约翰·霍普金斯大学成立，开创美国追求纯科学（基础科学）的研究型大学时代。美国大学体系高度自立、竞争，这促进了好奇心驱动的基础科学的发展。1887 年，凯斯应用科学学院波兰裔美国籍物理学教授迈克尔逊与莫雷合作，进行了著名的迈克尔逊—莫雷实验，否定了以太的存在，验证了光速的不变性。1907 年，迈克尔逊因为"发明光学干涉仪并使用其进行光谱学和基本度量学研究"而成为美国第一个诺贝尔物理学奖获得者。由此，美国科学走出爱迪生年代（基于欧洲基础科学的美国发明时代），走向独立自主的年代。美国跃升为科技一流的国家。

二、工业实验室主导时期（1907～1940 年）

美国第一家工业实验室诞生于 1876 年。由爱迪生创建的"门洛帕克实验室"，用于研发电灯、电信等先进技术。在第二次工业革命期间，美国利用逆向工程、贸易保护与巨大的国内市场，崛起为第一大工业国。这是一段"镀金岁月"。但是，这段时期收购与垄断盛行，工业组织趋向于集中。1895 年注册企业数量为 2272 家，1905 年下降至 157 家。为了更有效地评估外购企业的发明专利和其他材料投入，19 世纪末，更多的企业兴建工业实验室。

由于垄断带来政治、经济、社会等负面问题，美国国内掀起了第一次反垄断浪潮。政府制定了一系列反垄断法：《谢尔曼法》（1890 年）、《克莱顿法》（1914 年）和《联邦贸易委员会法》（1914 年）。反垄断浪潮使得企业通过收购外部企业以获取知识产权的交易成本大幅提高。这个期间，诸多企业转向通过内部研发获取新技术，工业实验室进一步发展。

20 世纪初期，相对论与量子力学掀起第三次科学革命。随着发明越来越依赖于基础科学，企业掌握外部复杂的发明专利的学习成本越来越高。这也使得企业不断增加内部研发投资。德国是第三次科学革命的中心。德国大量投资于工业实验室，这使得德国工业竞争力全球领先，尤其是化学工业。为了在这场基于基础科学的技术竞争中战胜德国，美国越来越多的工业企业兴建实验室，如通用电气（1900 年）、杜邦（1902 年）、贝尔电话（1907 年）等。

工业实验室旨在解决实际问题，但这不影响工业研究的科学复杂性。工业实验室也诞生了许多诺贝尔奖获得者。譬如，通用电气的朗缪尔，发明了充气的白炽灯、氢焊接技术，因为表面化学上的贡献而获得 1932 年诺贝尔化学奖。朗缪尔也因此成为第一个获得诺贝尔奖的工业化学家。20 世纪初叶，工业实验室取代独立发明家，地位逐渐上升为美国科创体系的主角。但是，独立发明家在 20 世纪上半叶依然是发明的重要来源。

在工业实验室不断发展壮大的过程中，大学也逐渐加强和工业实验室的合作。大学科研经费更多的是来自企业或州政府提供的资金，来自联邦政府的较少。因此，这些大学更多地面向地方开展应用研究。很多昂贵的实验设施（如真空管、催化剂等）放在工业实验室，大学教师与企业合作可以更好地利用这些设备。大公司还帮助建立了许多科学协会，例如，贝尔实验室在 1928 年成立美国声学学会。

1930~1940 年，社会研发经费比例为：工业 63%～70%，政府 12%～19%，大学 9%～13%。因此，二战前，美国科技创新主体已由独立发明者转到企业实验室，建立起以企业实验室为科研主体的、内生于工业化进程中的科创体系。这一时期也被称为"美国科技自由发展时期"。虽然在第一次世界大战中，美国政府加大了宏观调控管理能力，譬如，政府没收德国的染料专利并移交给美国公司，或者在大萧条之后实施凯恩斯需求管理，但这并不改变这一阶段以企业实验室发展为主体的自由发展的科创系统特色。

三、二战特殊时期（1940~1945 年）

美国独立的地理环境使其相对超脱于两次世界大战之外。一战后，美国迎来黄金发展的 20 世纪 20 年代、过度投机引起萧条的 30 年代，最后被迫在 1941 年参加二战。在两次世界大战时期，欧洲的高科技人才、黄金、资本流向美国，美国军需产品流向欧洲。世界经济中心、科技中心因此而转变。1940 年，美国军事技术还是严重落后。麻省理工学院前副校长、工程系前副主任范内瓦·布什建议成立国家防务研究委员会（NDRC），集中全国的科学家和工程师迅速提升美国军事技术。1941 年，罗斯福总统将国防研究委员会改组为科学研究与发展局（OSRD）。科研项目通过合同制来实施。这开创了政府与科学的新的伙伴关系。联邦政府研发支出从 1940 年的 8320 万美元飙升到 1945 年的 13 亿美元。一系列的研发成果，如青霉素、喷气式飞机、雷达和原子弹等，迅速扭转了同盟国与轴心国德、意、日法西斯的战局。

二战特殊时期，美国政府走向科研舞台的中央。政府研发支出占全国研发支出的比重由战前峰值的 19%（1938 年）上升至战争期间峰值的 83%（1946 年）。大学研发因此受益匪浅。曼哈顿计划、回旋加速器实验、辐射实验室等国家战略科技力量主要布置在大学。自二战起，美国科学走进大科学时代。

四、政府资助黄金时期（1945~1970 年）

二战后，美国政府首先面对的问题是：如何将集中的军事科研力量转化为分散的民间经济力量。因此，F. D. 罗斯福总统委托范内瓦·布什撰写报告。1945 年，《科学：无尽的前沿》发表。它开启了政府资助科研的黄金时期。二战后，政府关闭辐射实验室，曼哈顿项目彻底置于军事控制之下。战时的大学科学家回归大学，重新获得科研自由，并获得宽松的政府资助。《退伍军人法》资助退伍军人接受大学教育，增加人才供应，解决退伍军人失业问题。政府在确保军事安全的前提下公开战时科技信息，推动了战后发明热潮。1947年美国推行马歇尔计划援助欧日，恢复美国的出口需求。《科学：无尽的前沿》建议成立资助大学基础研究的国家科学基金会（NSF），但引起了激烈的辩论。海军研究办公室（ONR）、原子能委员会（AEC）、国立卫生研究院（NIH）等一些官方科研机构陆续成立，构成了以使命为导向的国家战略研究力量。直到1950年，国家科学基金会（NSF）才成立。布什的科技政策把大学作为战后科技政策的中心。大学的科研和教育在政府机构、NSF、私人基金等多元化力量资助下快速成长，全世界的优秀人才赴美留学。美国科学和工程学博士从1960年的6000名增加至1970年的18000名；38名科学家获得诺贝尔奖，人数世界第一。美国发展成为世界科技中心。

二战后美国继续推行反垄断政策。一方面反垄断使得企业聚焦于内部研发，取得了更多的研发成果。例如，1947年，贝尔实验室发明了晶体管。另一方面反垄断也加快了技术扩散。例如，1956年，美国政府针对贝尔系统的反垄断裁决，迫使贝尔公司将其所有专利授权给美国公司，并免版税，这极大地加快了晶体管技术传播，并开启了硅谷的发展。

1957年10月，苏联发射"斯普特尼克一号"卫星，激起了美苏太空竞赛。1958年1月，美国发射"探索者一号"；2月，成立国防部高级研究计划署（ARPA）；10月，成立国家宇航局（NASA）；11月，改组成立总统科学顾问委员会（PSAC）；11月，国会通过《国防教育法》，改革高中物理学教育方式，在高中开设高等数学课程。在卫星发射后的十年里，美国R&D经费以年均15%的速率增长。扣除通胀影响以后，联邦政府对大学科研资助增长了4倍多。1969年，美国R&D投入256亿美元，远超联邦德国、法国、英国和日本R&D经费总和的113亿美元。在19世纪60年代中期，联邦政府资助占全国R&D比重的峰值高达2/3。

这是美国科技发展史上的黄金年代。政府扮演着推动科技的最重要角色，国家实验室、大学实验室、企业实验室齐头并进。在19世纪60年代末，贝尔实验室雇佣15000人，其中1200人拥有博士学位，14人获得诺贝尔奖，5人获得图灵奖。政府、大学、企业形成良好互动的伙伴（契约）关系：政府提供研发资金和军需订单；大学提供科学家和科学知识；企业提供新发明和新产品。IBM、NCR等私营企业不愿意投资计算机技术开发早期的高风险项目，于是政府资助旋风项目:麻省理工学院的电脑项目。19 世纪 50 年代到 70 年代初,国防部资助半导体晶体管近一半的研发费用,NASA 和军队也是早期最重要的客户。在美国的第三次工业革命中,政府研发支出功不可没。从二战后到 1970 年,美国取得二战后最好的 GDP 增长率:年均接近 4%。1969 年,"阿波罗 11 号"完成人类首次登月任务。

五、科技政策调整时期 (1970~1980 年)

布什模式旨在密切政治家与科学家的关系。在二战中和冷战初期,尤其是在"斯普特尼克"卫星挑战发生以后,政治家与科学家的关系在面对强大外来威胁时相对融洽。然而,当外来威胁减弱时,或者说,当政治家越来越多地考虑政治利益时,政治家与科学家的观点分歧让两者关系日益疏远。科学家反对核扩散,反对轰炸北越,反对发展超音速民用飞机。这些都与政治家意见相左。1962 年,蕾切尔·卡逊发表《寂静的春天》,逐渐唤醒民众的环保意识。核泄漏等事件让公众对政府无止境的科研资助产生质疑。1968 年的学生骚乱是政治家与科学家关系的分水岭。社会舆论开始反对政府资助研发。1969 年,《军事授权法》修正案禁止国防部资助任何与特定军事职能没有直接或明显关系的研究项目。越南战争、20 世纪 60 年代的"伟大社会"计划以及 70 年代的反税收运动让财政预算面临压力,诸多因素使尼克松总统全面下调联邦政府对科研的资助。1967~1975 年,扣除通胀影响后,联邦政府对基础研究的资助下降约 18%。20 世纪 70 年代是美国科技政策调整的年代。

六、全球本土化时期 (1980 年至今)

1980 年至今,是美国科创网络全球化与科创集群本土化交织的时期。70 年代石油危机后,欧美经济滞胀,而日本 GDP 以年均 5% 的速度增长。日本的汽车、机床、消费电子等产品挤占了美国的世界市场份额。面对日本竞争,美国一方面提升国内科创能力,另一方面打压日本产品市场。1980 年,《拜杜法案》允许大学拥有在政府资助下取得的科研成果的知识产权。后续的 1982 年 SBIR 计划、1992 年 STTR 计划等一系列配套政策措施,大力推动大学科研成果转化。中小企业加速在高校周边集聚。硅谷、128 公路等科技集群快速发展。

里根时代盛行新自由主义。由于国内反垄断的放松,大企业可以通过并购中小企业或者外购知识产权的方式成长。大企业逐渐降低内部研发投入，初创企业和中小科技企业获得成长空间。为迎合资本市场的财务偏好，20世纪80年代后，美国众多制造业企业将生产环节外包至亚洲，以降低成本，提升核心竞争力，但这使国内的工艺创新环节缺失，影响了可持续创新能力。

面对日本半导体产业崛起，里根政府一方面通过贸易制裁压缩日本半导体产品的市场份额，降低其营业收入进而降低其科研投入，破坏日本科创系统的循环能力；另一方面成立美国半导体制造技术联盟，解决行业共性技术难题，利用贸易战获取的市场营收，提升科创系统的良性循环能力。20世纪90年代后，日本半导体产业日渐式微。美国通过贸易战、科技战维护了美国半导体产业的领导地位。

20世纪80年代美苏冷战进入尾声。1984年，美国里根政府批准"星球大战计划"，试图通过军备竞赛拖垮苏联经济。1991年苏联解体后，"星球大战计划"取消。1993年克林顿政府将科技发展由国防导向转向经济导向，实施"信息高速公路计划"、先进技术计划（ATP）、制造业伙伴计划（MEP）等科技项目，由此美国经济进入一段相对繁荣的时期。2001年"9·11"事件让美国优先支持军事国防科技项目。2007年金融危机后，美国鼓励海外制造业回流。2012年后，美国构建以先进制造业创新研究所为枢纽的全国制造业创新网络，以复兴美国制造业。

中美关系由科技合作走向科技脱钩。加入WTO以后，中国利用国际间的科技外溢加大自主研发投入。2000~2019年，中国研发投入以年均超过20%的全球最快速度增长，规模直追美国。在5G、量子计算、卫星捕捉等关键技术领域，中国产品威胁到美国的国际市场地位。2018年，特朗普政府启动与中国的全面科技脱钩：通过《出口管制改革法案》限制对华的高科技产品出口；通过《外国投资风险评估现代化法案》限制中国企业投资美国；通过贸易制裁压缩中国产品的市场空间；限制高科技人才来往。全方位的制裁措施从要素供给、产品需求两端破坏中国科创系统，但同时也破坏了美国科创系统：美国高科技产品失去了在华市场，某些领域也受到中国的反遏制，最后"两败俱伤"。拜登政府继承特朗普对华的强硬措施，但不再与华全面科技脱钩，而是采用"小院高墙"的方式对关键的技术领域实行局部的精准脱钩，以降低遏制成本。拜登政府希望美国能够重现布什模式下的科技辉煌，历史上首次把白宫科技政策委员会主任提升到内阁级别，以提升联邦政府对科技资源的统筹能力。《2021年美国创新和竞争法案》强调美国科创系统的建设：向商务部拨款500亿美元研发半导体芯片；向国家科学基金会提供1000亿美元资金用于人工智能、高性能运算等领域的技术研发；投资100亿美元建设10~15个区域技术中心。拜登政府恢复绿卡发放，以宽松的移民政策吸引全球高科技人才。中美科技合作、竞争与相互遏制将是21世纪20年代全球科创系统演变的主要基调。

总之，1980年至今是美国以私营（中小）企业为研发主力的科创系统时期：从1980年到2020年，政府研发投入占比从约50%下降到约20%，私营企业研发投入占比从约50%上升到约80%。这也是美国科创系统全球化与集群本土化双向发展的时期，是科技全球化与技术民族主义碰撞的时期。

第三节　美国科创系统演变历程的理论启示

一、科创系统是线性的吗

布什模式主张政府首先资助基础研究，然后推动应用研究。布什模式是线性的。美国科创系统的成功很大程度上可以归因于布什模式。在二战中，范内瓦·布什领导全美6000名科学家进行国防武器研发，并通过强大的美国制造能力快速供应大规模的新武器，凭借军火实力战胜法西斯。原子弹体现了物理学的威力。二战后，联邦政府继续资助国防武器研发，并推动军用科技向民用科技转化。政府的研发资助与军事采购极大地促进了战后的经济发展。人类首次登月、信息技术革命都是布什模式的功劳。然而，科技创新系统真如布什模式描述的线性吗？

1997年，普林斯顿大学教授斯托克斯提出"巴斯德模型"。模型打破基础研究与应用研究两分法，把研究分为四类：由好奇心驱动的基础研究（"玻尔象限"）；解决实践问题的应用研究（"爱迪生象限"）；解决实践问题的基础研究（"巴斯德象限"）；其他。法国微生物学家路易斯·巴斯德在行医（实践）过程中研究微生物（理论），运用"实践—理论—实践"的研究方法，开创了微生物生理学。他的研究既有基础研究又有应用研究，是"巴斯德象限"的代表。

2016 年，哈佛大学教授文卡特希·那拉亚那穆提出版《发明与发现：反思无止境的前沿》，提出了"发明—发现循环模型"。模型把研究分为两类：发明与发现。发明与发现之间双向循环。发现可以催生新的发现和发明，发明也可以催生新的发明和发现。譬如，赫兹发现无线电波以后才有收音机和电视的发明；贝尔实验室既发明了晶体管，也发现了信息论。科学与工程也是交叉的。譬如，麦克斯韦在铺设横跨大西洋的海底电缆工程期间，在收集海量数据的基础上，提炼出统一电磁场的麦克斯韦方程组。科学家（如阿尔伯特·爱因斯坦、斯蒂芬·霍金）和工程师（如斯蒂夫·乔布斯、埃隆·马斯克），对人类社会一样重要。研究是一项充满不确定性、没有明确目标、不能规划、没有时间表的探索活动。研究是发现与发明的共舞，不能严格界分发现与发明。明确的活动界限应该落在研究与开发之间。开发是具有明确市场目标、开发周期、预算约束的活动。研究与开发虽连通但彼此独立。生产新知识的最重要的制度安排是促进实验室科研人员之间的跨界、开放、自由的知识（尤其是隐性知识）交流。

"巴斯德模型"和"发明—发现循环模型"聚焦研究。二战后美国创新政策聚焦于研发，以及如何克服研究和开发之间的裂缝"死亡之谷"，但对于研发以外的制造、营销却忽略了。2017 年，麻省理工学院华盛顿办公室前主任威廉姆·邦维利安提出创新的五种模式：创新管道模式、诱导创新模式、延伸管道模式、制造业主导创新模式和创新组织模式。创新管道模式就是布什模式：政府往创新管道前端"研发"投入资源，后端出来新产品。颠覆式创新经常源于此模式。诱导创新模式是企业根据市场需求变化提供新产品。这是一种渐进式创新。延伸管道模式是指政府除了资助研发以外，还延伸支持后端环节，包括通过军采支持企业营销。二战后的航空、航天、计算机、互联网等，大多由这个系统演化而来。此模式有助于消除研发之间的"死亡之谷"。制造业主导创新模式是由制造业企业来主导的创新模式。德国、日本、中国、韩国采用这种模式。最后一种，创新组织模式是全流程的创新模式，是理想中的模式。这类似于创新体系的思想。

创新体系的理论基础源于互动创新模型。它是对线性模型、新古典的静态均衡模型的挑战。它认为，创新是生产者和使用者建立的以网络和非贸易形式相互依存的长期的、互动的关系。创新通过组织内部或组织之间的交流实现不同类别知识的结合。创新是由不同空间尺度的正式和非正式制度塑造的非线性、合作性和积累性学习过程的结果。创新的来源是多方面的、不定向的。它既可以来自实验室，也可以来自生产车间、写字楼、消费者（用户）。创新体系是各创新主体之间的知识网络。它可分为国家创新体系、区域创新体系、部门创新体系、技术创新体系。国家创新体系是一个在国家层面上涵盖由不同组织、机构和社会经济体内部组成，以及彼此之间相互关联的、开放的、复杂的且不断演变的体系。这个体系决定了基于科学知识和技术经验学习过程中的创新能力建设的效率与方向。回顾美国科创系统演变史，可以看到美国创新主要动力来源经历了独立发明者、工业实验室、政府实验室、大学和中小企业等多个阶段。知识在科创网络里是不定向自由流动的。线性模型里的知识流动只是其中的一种方式。

19 世纪美国凭借"美国制造"系统超越英国、德国；二战后凭借布什模式由政府资助研发而主导世界秩序，但它忽略了制造业。19 世纪 80 年代以后，美国制造业逐渐离岸外包，造成国内制造系统以及科创系统残缺；国内生产率增长趋缓；危机频发。那么，从国家创新体系的理论角度来审视，制造业应该离研发多远？

二、制造业需要离研发多远

美国华尔街"股东价值最大化"的投资理念使得大多数垂直一体化的大企业逐渐剥离工厂等低利润率的重资产。只有少数企业如通用电气、宝洁、英特尔等保持着一体化的结构。众多工厂将生产线搬迁至亚洲等成本洼地。制造工艺、行业诀窍也随之转移。美国本土的制造业生态变得贫瘠。能够传播、生产行业知识的供应商和"劳动力池"消失了。甚至部分实验室也跟随工厂转移到海外。美国经济分析局（BEA）数据显示，美国跨国公司外国分支机构研发支出占总研发支出的比重从 1989 年的 9% 上升到 2009 年的 15.6%。"美国创新，美国生产"向着"海外生产，海外创新"转变。这引起了美国学者和政府官员的警惕，他们呼唤制造业回归美国。

那么，哪些制造业应该留在本土，哪些应该远离？哈佛商学院加里·皮萨诺教授把创新分为四类：①纯产品创新：对模块化高、工艺成熟度高的产品创新，如"无工厂"半导体公司。这类创新适宜将制造与研发分离，海外外包。②纯工艺创新：对模块化高、工艺成熟度低的产品创新，如高密度柔性电路。这类创新可以将制造与研发分离，离岸外包。③工艺嵌入式创新：对模块化低、工艺成熟度高的产品创新，如工艺品、热处理金属加工、高档服饰等。这类产品工艺细微的变化都会影响产品质量。设计与制造不能分离。④工艺驱动式创新：对模块化低、工艺成熟度低的产品创新，如生物制药、纳米材料、超精密部件等。此类产品工艺快速发展，并不断影响产品质量。此时不适宜将制造与研发分离。总之，模块化高的产品创新可以将制造离岸外包，本土保留研发；反之，模块化低的产品创新应该将制造与研发空间捆绑，紧密相邻。国防武器、尖端科技产品（尖端科技不能外流）这些特殊商品必须在本国生产，不能离岸外包。

留在美国本土的制造工厂：第一，应该抛弃"购买而不是建设"的理念，培养企业核心竞争力。工厂建设工程本身就代表着一种合成的技术。譬如，化学试验工厂代表某种合成的化学工程技术。工人在工厂生产过程中"干中学""试中学""用中学"，不断积累独有的技术、技能与网络，这些不能外购的资产才是企业的核心资产。例如，日本丰田的精益生产系统，即使对社会公开展示都不会被竞争者复制。有些缄默知识深藏在丰田独有的生产系统当中。第二，应该引入工程师、技术工人进入管理层，让懂得科技、工艺、车间文化的人影响企业决策。注重对高管长期绩效的考核，避免财务短视行为。第三，应该协助政府构建制造业生态。构建企业共享的基础设施：大学、技术学校、检测中心、行业联盟、行业协会、先进制造研究所等。至于迁往海外的制造工厂，也不应飘忽不定，它们应该深度融入当地的生产网络，允分利用当地的资源和市场。

三、实验室之间如何分工合作

创新是新知识、新产品和新服务的不断繁衍。它来自创新体系中各主体的学习与互动。虽然创新既可以来自生产者，也可以来自消费者，但生产者实验室无疑是创新的最主要源泉。消费者主要在市场诱导性创新贡献力量。企业实验室、大学实验室与政府实验室各司其职，分工合作，构成实验室体系。

企业实验室是人类物质文明最重要的创建者。电气产品、汽车、化工产品、药品、半导体、消费电子、电脑、互联网等产品都源自企业实验室。企业实验室也诞生了众多的诺贝尔奖获得者。例如，1956 年贝尔实验室的威廉·肖克利、约翰·巴丁和沃尔特·布拉顿因"研究半导体并发现晶体管效应"获奖；2009 年英国标准电信实验室的华人高琨，因"光纤通信中光传输的突破性成果"获奖，等等。在美国诺贝尔奖获得者当中，受雇于工业实验室的占70%。

企业实验室更能推动生产力进步。大致上是因为：第一，它处于生产网络中。通过"干中学""试中学""用中学"，不断积累专属的技术诀窍与技能。它在与供应商、客户和周边企业交流中得到源源不断的信息，尤其是缄默信息。这比大学实验室、政府实验室的信息源广阔得多。第二，车间与实验室可以即时跨功能互动。例如，AT&T下属的西部电气公司，在生产雷达的倍压整流电路的过程中，冶金学家们积累了大量关于净化和掺杂半导体材料的第一手经验，对贝尔实验室发明晶体管做出了不可或缺的贡献。第三，它具有跨学科组织科学家和工程师共同研发的能力。工业实验室的人员具有更高的流动性，也更容易组合成跨学科的研发团队。例如，谷歌组织语言学家研究机器翻译、组织统计学家设计算法、组织计算机科学家在实现算法中寻找效率的优化。大企业实验室是适应大科学时代的一种跨学科的组织形式。例如，通用电气、贝尔、杜邦、宝洁、施乐等工业实验室，聚合了多学科的科技工作者，大大推进了美国生产力进步。第四，它支配范围更广、规模更大的资源。企业可以得到资本市场的金融服务，还有各种专业服务，掌控更大范围的资源。科研人员、数据集、实验设备在规模上也是略胜一筹。企业实验室的研发更多的是以解决实际问题为目的的通用研究、跨学科研究。因此，在研究（研究是发明与发现相互循环的自由探索活动）与开发两个体系里，处于开发体系的更多的是企业实验室：市场导向、开发周期短、追求专属知识、追求利润最大化。

大学实验室更多地处于研究体系。大学是培养人才、生产知识和服务社会的地方。大学相对游离于生产体系之外，但它是科学体系的中心。大学在探索科学知识前沿上具有更高的自由度。1980年《拜杜法案》加快了联邦拥有知识产权的专利对大学科研人员的让渡，促进了美国大学科研成果产业化。大学实验室与初创企业实验室快速发展。在斯坦福大学、麻省理工学院等大学周边，出现了由大学衍生出来的初创企业集聚的高新区、工业园、孵化器等空间组织形式。大学实验室在医药、计算机、软件等知识密集型产业扮演着主要角色；在飞机、钢铁等资本密集型的重工业，作用就不那么显著了。

1980年《拜杜法案》实施后，垂直一体化大企业购买外部知识产权更便捷。大企业实验室研发功能逐渐弱化，出现了分拆、关闭的浪潮：1996年贝尔实验室从母公司AT&T分离出来，合并于朗讯科技；2002年施乐帕克研究中心分拆为一家独立公司；2016 年杜邦公司关闭中央研发实验室；等等。大企业实验室创新具有强大的外溢效应。硅谷曾是大企业不断分拆、裂变的受益者。但是，如今大企业实验室走向衰落，以及美国的制造业向海外搬迁，都不完全是件好事。大学实验室与初创企业并不能弥补科创体系中这两个位置的空缺。美国生产率增长趋缓，这也引起了美国智库的注意。它们主张政府加大对研发的公共资助，建设大中小企业协同创新体系，呼唤制造业回归，重造"美国制造"的辉煌。

政府实验室从事使命导向的研究工作。它既从事基础研究，也从事应用研究，从事属于"巴斯德象限"的研究工作。政府实验室主要耕耘在一些市场失灵的领域，如国防安全科技；多行业共用的通用技术；周期过长、投资额过大的研发领域。不同国家的政府实验室，扮演的角色稍微不同。例如，美国政府实验室在农业、卫生和核能等领域发挥了重要作用。德国马克斯·普朗克学会组成的网络致力于基础研究；弗朗霍大实验室则致力于帮助工业企业研发的应用研究。法国政府实验室则承担了大部分的基础研究工作。

企业实验室致力于技术开发，大学实验室致力于科学研究，政府实验室致力于完成国家使命。三者共同组成科创体系与科技共同体。由企业实验室生产的技术诀窍、专利，由政府实验室生产的国家机密技术，具有垄断性、私有性和本地化特性，这是体现国家竞争力的核心资产。由大学实验室生产的基础科学知识，可以为人类共享，具有全球化特性。例如，美国企业既可以利用英国大学的最前沿分子生物学知识进行药物开发，又可以利用世界领先的德国大学的空气动力科学进行商用飞机设计。基础科学知识非常容易被编码以在全球传播，但不一定容易被科技工作者吸收。掌握更丰富的基础知识的科技工作者，更容易消化、吸收并整合全球化的新科技而进行二次创新。因此，加强基础科学教育与研究，培育更多基础科学工作者对于提升国家自主研发能力具有战略意义。科技工作者跨国流动具有黏滞性。他们掌握的研发技能和缄默知识也具有流动黏滞性。他们更多的是为本地的科创网络做贡献。这也是国家要加强科技教育和研发投入的原因。

四、军用与民用技术如何转化

信息技术革命浪潮可溯源于二战中美国的"军事—产业—大学"铁三角。在布什模式下，政府的研发资助最多的就是流向了军事国防项目。二战后，军用科技向民用科技的转化衍生了一系列的发明：航空航天、半导体、计算机、软件、互联网、新材料，等等。这些上游的民用科技继续向下游产业应用转化，如汽车、机械制造、远洋运输等，进一步地释放了生产力。但是，军事研发资助与采购对产业的扶持并不必然会成功。例如，英国、法国大部分获得军方资助的公司并没有能力去占领非军工市场。苏联更是因为过多的军备而拖垮经济。相反，二战后军费预算很小的德国、日本，科技创新与经济发展都取得很好的绩效。军事研发资助和采购对产业扶持成功的必要条件是：私营企业具有强大的市场竞争力。

当前美国政府国防军费趋于下降，对国防军事项目的研发资助也大幅下降，部分军事研发资助转向民用科技项目。这些民用的研发成果仅限于美国本土机构使用。例如，美国国防高级研究计划局（DARPA）自1987年起，五年资助美国半导体制造技术联盟50亿美元，致力于行业共性关键技术的研发突破。到20世纪90年代中期，日本半导体产业对美国的挑战逐渐消除。类似的项目还有：1988年资助国家制造科学中心的建立，1989年实施的高清电视技术研究计划，等等。同时，美国军方积极吸收民用技术到国防武器系统。类似地，西欧政府对空中客车公司增加津贴，也是希望通过民用航空公司来提升军事航空的科技实力。技术如今由民间流向军方，这与之前由军方流向民间的方向是相反的。军用科技与民用科技之间相互循环，类似于发明与发现的相互循环，或者知识流在生产系统的各环节之间的相互循环。

当军用与民用的产品需求特性接近时，军民之间的技术转化是有效率的。20世纪60年代，军方与民间对微电子产品的小型化、低热耗和耐用性的需求接近，军方技术向民间产业就产生了大量溢出。军方与民间对喷气发动机的机身和效能需求接近，军用和民用航空两个平行系统也就可以协同发展。当军民研发通用共性技术而不是研发某种特定的硬件设备时，军民之间的技术转化也是有效率的，如半导体、新材料、精密机械、超级计算机、互联网、软件、数字化等新的通用技术研发，军民融合效果理想。空间计划、原子能计划这些领域的知识溢出就相当有限。

五、技术民族主义可取吗

自主技术决定军事安全与经济安全。技术是实现民族利益的根本手段。只要有民族国家和独立的民族利益，就有技术民族主义。技术民族主义属于民族主义的一种。它可溯源至德国的民族主义经济学家弗里德里希·李斯特的著作《政治经济学的国民体系》。该学说主张采用贸易保护主义等系统手段来保护幼稚产业，促进国家生产力进步，实现民族国家利益。德国采用李斯特的贸易保护主义政策完成第二次工业革命，实现对英国科技与经济的赶超。李斯特也是美国学派的第一代经济学家，与美国第一任财政部长亚历山大·汉密尔顿等人共同提出美国制度。美国制度由五大要素构成：保护性关税、内部改善、国民银行、科教投资和利益和谐，它包含着技术民族主义的思想。它的目的是使美国摆脱英国对它的支配地位，实现国家经济独立。美国制度使得美国崛起。二战中美国依靠科技实力战胜德国、日本；在冷战中战胜苏联；以及在 20 世纪 80 年代半导体技术战中战胜日本，这些可以说都是美国制度和美国技术民族主义的胜利。

中国加入 WTO 以后，中国家具、成衣、玩具等劳动密集型产品出口对美国传统产业造成巨大冲击。美国部分城市衰落，部分蓝领工人失业，国内社会撕裂。次贷危机以后，美国经济复苏缓慢。中国高科技产业竞争力日渐提升。中国成为美国第一贸易逆差来源地。美国逐渐向中国竖起了技术民族主义大旗。中美贸易战愈演愈烈。自新冠肺炎疫情以来，伴随逆全球化与逆区域化，全球技术民族主义升温，全球科技网络拆解。技术民族主义是客观的事实。技术领先国家倾向于实行进攻性技术民族主义，技术落后国家倾向于实行防御性技术民族主义。技术民族主义已经不是"可取与否"的价值判断问题，而是在人类发展的历史长河中与民族国家并存的客观的历史现象，关键是我们如何有技巧地应对。

六、如何拥抱大科学时代

大科学的发展，需要跨国的科技合作，有利于逐渐消除技术民族主义的影响。1942 年美国"曼哈顿计划"标志着大科学时代的来临。大科学相对于传统的小科学，具有投资规模巨大、科研人数众多、垂直层级管理、跨学科、依赖大科学装置等特点，大科学项目主要由政府财政投资与组织管理。因此，大科学经常与大政治联系在一起，服务于特定的社会目标，而不再是与小科学时代的科学家自治与自由探索相关联。在大科学时代，科学、技术与工程的界限，基础研究与应用研究的界限，甚至是各学科之间的界限，都模糊了。大科学的本质是知识跨国度、跨区域、跨学科、跨技术、跨产业、跨机构、跨环节、跨流程、跨实验室、跨大装置、跨群体、跨个体的自由融合与新知识的繁衍。现有知识库知识越丰富、越广泛、越多元，新知识产生的速度越快、数量越多；反之亦然。知识库的存量与新知识的增量，二者进入相互促进的正循环。而这一切得以发生的前提是：知识的自由流动。

大科学发展的一个表现就是科技工作者的知识、能力不断拓展，是人的全面的发展；还有一个表现是科技工作者的国际流动性提升，可编码知识更容易流动。缄默知识、实验技能、学习能力等内化于科技工作者身上。科技工作者拥有国籍，流动有黏性。人类命运共同体建设意味着国际间利益更加一致。因此，规范各种制度提升科技工作者的知识、能力，推动科技工作者自由流动，推动科技工作者携带隐性知识与科研能力自由移动，这是拥抱大科学时代的应有之义。

专利技术、商业机密、行业诀窍、国家机密技术这些具有产权属性的知识更难流动，它们是企业或者国家追求自身利益最大化的工具。知识流动黏性是科技本地化的根源，在空间上的表现就是科技集群、科技中心、科技民族主义。随着企业或者国家的专有（私有）知识的不断积累、外溢，公共知识的丰裕度会提高；反之亦然。专有（私有）知识的生产与公共知识生产进入相互促进的正循环。而这一切发生的前提是：知识产权明晰；企业或者国家之间良性竞争、合作。

在大科学时代，不同的国家、区域、学科、技术、产业、流程、环节、实验室、科学装置、群体、科技工作者在科创体系中的地位、作用也是不一样的。科技强国建设需要抓住主要矛盾、抓住重点方能提升绩效。例如，重点建设科技中心枢纽、主导学科、核心关键共性技术、新兴产业、主导研发环节、重点实验室、大科学装置、学术带头人等；建设大科学与小科学共生、共荣的生态系统。

在大科学时代，科技向社会、政治、经济、文化、生态等各领域系统渗透、应用。美国疫情失控体现了科学与公众之间的一种分离：病毒研究没有与病毒在公众之间的传播研究结合起来。因此，还需推动科技知识在公众中的普及；推动科学家参与公共决策。世界本是一个整体，知识也是一个整体。在大科学时代，科技政策既要推进科创体系的知识流动，也要防止知识资本的两极分化。科技强国建设还需加强科技在社会、政治、经济、文化、生态等各系统的渗透、应用。

第四节　结语

美国是科技创新的模范生。美国从一片新大陆上的殖民地崛起为当前世界上第一科技强国、经济强国，科技创新体系在这个崛起中起着核心的作用。美国诞生于大航海之后的全球化时代。美国科技创新体系的演变历程，受国际政治、经济环境的变动影响很大。不同的阶段具有不同的系统特征。内核不变的是"美国制度"和美国独立的民族利益。每一个国家的科技创新系统属性受它的政治制度、经济制度以及各种文化的影响，因此都有自己独特的个性，这是难以复制的。但也有些科技创新系统管理的经验可以超越国界的，可以为我们所学习：

第一，让知识自由流动。科创系统是网络状的，创新源头在空间上是广布的。让新知识更好繁衍的最好方法是让知识更加自由地流动、组合，这样新知识生产的速度和数量才能更佳。这里要强调一下科普的加强，让知识流向民众，劳动力市场上也鼓励劳动力的流动，让劳动力流动带动缄默知识的流动。第二，创建"企业—大学—政府—用户"四螺旋。在我国既要加强大学与企业的科研合作，加快大学科研成果面向市场的转化，也要加强国内用户需求对科创方向引导的渐进性创新，强调国内内循环。第三，提升军民融合效率。重点发展军用和民用需求特性接近的产品，重点发展利用共性技术的产品。第四，强调自主创新与开放式创新结合。技术民族主义与科技战是当前不可避免的。既要通过开放式创新吸收国外先进科技，也要通过自主创新保证国家安全。第五，抓住科技战略重点领域、重点地区，培养全球领先的科学家，建设战略性大科学装置。

当然，美国科创也有欠妥的地方。例如，美国制造业海外外包让本地制造业生态资源贫瘠。资本市场过于短视的财务考核指标。国内诸多地区科技创新中心建设落后，区域间失调，等等。这提醒我们：第一，建设丰富的制造业生态。第二，让科技工作者参与公司治理。第三，科技创新中心建设在区域间协调发展。

参考文献

［1］贾根良. 美国崛起为何能抓住"机会窗口"——第二次工业革命时期美国经验借鉴［J］. 人民论坛，2013（2）：26-27.

［2］邓久根，贾根良. 英国因何丧失了第二次工业革命的领先地位？［J］. 经济社会体制比较，2015（4）：32-41.

［3］樊春良. 建立全球领先的科学技术创新体系——美国成为世界科技强国之路［A］// 中国科学院. 科技强国建设之路：战略与思考［C］. 北京：科学出版社，2019.

［4］Naomi R. Lamoreaux. The Great Merger Movement in American Business，1895-1904［M］. Cambridge：Cambridge University Press，1988.

［5］Ashish Arora，Sharon Belenzon，Andrea Patacconi，et al. The Changing Structure of American Innovation：Some Cautionary Remarks for Economic Growth［J］. Innovation Policy and the Economy，2020（20）：39-93.

［6］Weart S. R. The Physics Busiess in America，1919-1940：A Statistical Reconnaissance［M］. Washington，D. C：Smithsonian Institution Press，1979.

［7］Mees C. E. K. The Organization of Industrial Scientific Research［M］. New York：McGraw-Hill，1950.

［8］Mowery D. C. N. Rosenberg. Paths of Innovation：Technological Change in 20th-Century America［M］. Cambridge：Cambridge University Press，1999.

［9］Rosenberg N.，R. R. Nelson. American University and Technical Advance in Industry［J］. Research Policy，1994（23）：323-348.

［10］Kevles D. Principles and Politics in Federal R&D Policy，1945-1990：An Appreciation of the Bush Report. Preface［R］. Washington，D. C.：National Science Foundation，1990.

［11］Watzinger M.，T. A. Fackler，M. Nagler，et al. How Antitrust Enforcement Can Spur Innovation：Bell Labs and the 1956 Consent Decree［R］. CEPR Discussion Paper No. DP11793，2017.

［12］Hugh D. G.，Nancy D. The Rise of American Research Universities：Elites and Challengers in the Postwar Era［M］. Baltimore：Johns Hopkins University Press，1997.

［13］Mowery D. C. , Rosenberg. N. The U. S. National Innovation System：Past，Present and Future ［M］. New York：Oxford University Press，1993.

［14］Gertner J. The Idea Factory：Bell Labs and the Great Age of American Innovation ［M］. New York：Penguin Books，2013.

［15］［美］乔纳森·格鲁伯，西蒙·约翰逊. 美国创新简史［M］. 穆凤良译. 北京：中信出版集团，2021.

［16］樊春良. 美国政府在科学技术发展中的作用［J］. 竞争情报，2022（6）：2-8.

［17］沈伟伟. 迈入"新镀金时代"：美国反垄断的三次浪潮及对中国的启示［J］. 探索与争鸣，2021（9）：66-76.

［18］贾根良，楚珊珊. 制造业对创新的重要性：美国再工业化的新解读［J］. 江西社会科学，2019（6）：41-50.

［19］任星欣，余嘉俊. 持久博弈背景下美国对外科技打击的策略辨析——日本半导体产业与华为的案例比较［J］. 当代亚太，2021（3）：110-136.

［20］张建华. 美国政府发展先进制造业的创新体系［J］. 亚太经济，2016（2）：69-74.

［21］赵刚，谢祥. 拜登政府科技政策及其对华科技竞争［J］. 当代美国评论，2021（3）：58-75.

［22］李恒阳. 拜登政府对华科技竞争战略探析［J］. 美国研究，2021（5）：81-101.

［23］［美］文卡特希·那拉亚那穆提，［美］图鲁瓦洛戈·欧度茂苏. 发明与发现：反思无止境的前沿［M］. 黄萃，苏竣译. 北京：清华大学出版社，2018.

［24］［美］威廉姆·邦维利安，［美］彼得·辛格. 先进制造：美国的新创新政策［M］. 沈开艳等译. 上海：上海社会科学院出版社，2019.

［25］Kline S. , N. Rosenberg. The Positive Sum Strategy. Harnessing Technology for Economic Growth，Washington ［M］. USA：National Academy Press，1986.

［26］［瑞典］克里斯蒂娜·查米纳德，［丹］本特-艾克·伦德瓦尔，［丹］莎古芙塔·哈尼夫. 国家创新体系概论［M］. 上海市科学学研究所译. 上海：上海交通大学出版社，2019.

［27］［挪威］比约恩·阿什海姆，［挪威］阿尔内·伊萨克森，［奥］米夏埃拉·特里普尔．区域创新体系概论［M］．上海市科学学研究所译．上海：上海交通大学出版社，2020.

［28］［美］加里·皮萨诺，威利·史．制造繁荣：美国为什么需要制造业复兴［M］．机械工业信息研究院战略与规划研究所译．北京：机械工业出版社，2014.

［29］Gertner J. The Idea Factory：Bell Labs and the Great Age of American Innovation［M］．New York：Penguin Books，2013.

［30］［美］理查德·R.尼尔森．国家（地区）创新体系：比较分析［M］．曾国屏等译．北京：知识产权出版社，2011.

［31］贾根良，陈国涛．对李斯特经济学的一些澄清与发展［J］．人文杂志，2015（5）：39-48.

［32］贾根良．美国学派：推进美国经济崛起的国民经济学说［J］．中国社会科学，2011（4）：111-125.

［33］孙海泳．进攻性技术民族主义与美国对华科技战［J］．国际展望，2020（5）：46-64.

［34］［美］范内瓦·布什，［美］拉什·D.霍尔特．科学：无尽的前沿［M］．崔传刚译．北京：中信出版集团，2021.

第三章　日本科创系统演变历程及其理论启示

第一节　引言

日本是一个自然资源匮乏、面积中等的岛国，但它却凭借科技学习与应用，发展为如今的经济第三大国。日本在二战后是美国遏制苏联与中国的前线岛链。日本的科技引进离不开美国，其在战后的世界体系中对美国高度依附。日本工匠精神全球传颂，精益求精的工业品畅销全球。它在 20 世纪 80 年代达到全盛时期。半导体、消费电子等产品力压美国。日本也是东亚垂直分工体系中的"领头羊"。在日美贸易战签订广场协议后，日本出口部门逐渐下行。日本封闭的科创系统难以适应 90 年代后信息科技浪潮下的模块化生产、开放式创新。资产泡沫破灭、错误的财政货币政策、人口超少子化和老龄化等诸多因素叠加，让日本经济走向"失去的三十年"。总的来说，日本科创系统表现为"大发明为零，中发明贫乏，小发明不断"。21 世纪初日本突增的诺贝尔奖的数量基本上是 20 世纪日本工业化黄金时期的成果。展望未来，稻盛和夫、丰田喜一郎等企业家精神以及工程师的工匠精神的传承堪忧，诺贝尔奖的获取也堪忧。研究日本科创体系演变的过程，对于当下中国建设科技强国具有丰富的借鉴价值。

第二节 日本科创系统演变历程的考察

一、二战前追赶时期

日本大和民族是一个善于学习的民族。这一亚洲最先迎接东方第一缕阳光的国家早在唐朝时期就派使节来我国学习中华文化,进行大化改新,并接受大量中国、韩国的移民及其带来的技术。大航海时期,16世纪,葡萄牙人登上日本岛,带来了洋枪洋炮,此时的日本处于战国时期,封建势力混战,对枪炮有大量需求。日本铁匠模仿葡萄牙枪炮、轮船,掌握并赶超了西方的枪炮、轮船等军事技术。德川幕府时期(1603~1868年),日本闭关锁国,科技进步缓慢,但重视初等教育,寺子屋和教育武士阶级子女的学校盛行,识字率比肩欧美。这为明治维新的公共教育系统奠定了基础。同一时期,英、法、德、美、俄等西方大国经历了工业革命、科技革命,国力远远超出日本。幕府末年,1853年黑船事件打开了以美国为首的大国强迫日本通商的时期,西方的商品、技术进入日本。日本在列强入侵后即将沦为殖民地的危险中,抓住了融入西方国家科创体系赶超的机会。

明治维新初期,日本走上中央集权的国家资本主义道路,国家通过引进国外先进的机器设备以及逆向工程、招聘国外工程师、技术专利许可协议、吸引外商直接投资等方式积极引进欧洲技术,"脱亚入欧"。国家承担投资大型采矿、铁路、造船、机械和纺织产业的"风险投资者"的角色,后来逐渐将国营企业私有化或者出售给新兴的企业家,但保留了主要的军事工业和公用事业。官方的技术与人才随着私有化进入民间。政府还通过军事采购来扶持私营部门生产。19世纪80年代后,以私营的纺织产业为主导产业的日本工业革命快速发展。1875~1915年纺织业占制造业产值的比重由8.6%上升到28.1%。因为日本的工业革命与军事对外扩张紧密关联,所以机械、钢铁、非铁金属由0.7%、0.3%、0.8%上升到9%、2.2%、3.6%。食品工业占比由61.6%下降到33.7%。

明治维新除了实行"富国强兵""殖产兴业"之外,还实行"文明开化"。

1874 年开始实行强制性初等教育。20 世纪初，日本年青一代基本消除了文盲。20 年代，中等教育入学率超过 50%。日本高等教育特别注重工程教育，引进英国教授，注重将理论学习与实验室训练相结合。1886 年成立的帝国大学（东京大学前身）工程学院为日本制造业输送了大量创业人才。这些本土培养的人才逐渐取代引进的外国工程师成为日本企业家的中流砥柱。例如，丰田汽车的丰田喜一郎、东芝前身的创业者滕冈（发明发电机）。明治维新让日本从封建的东方小国逐步发展成为融入西方的资本主义列强，并开始对外侵略扩张。

第一次世界大战主战场在欧洲，日本本土受战争冲击不大。日本人在战争中看到了科技的重要性，进一步发展科创系统。大学与职业教育院校、基础科研机构（如理化学研究所）、国家实验室（如电力研究所）以及大量的企业实验室都在两次世界大战之间快速发展，但大部分企业实验室规模较小，以测试或开发功能为主。由于技术引进受战争影响而变得困难，也由于扩张军备的需要，日本开始加大机器设备和中间产品的生产，重化工业加速发展。1915 ~ 1940 年各产业占制造业产值的比重：化学由 10.6%上升到 16.5%，机械由 9%上升到 27.6%，钢铁由 2.2%上升到 12.3%。相对地，纺织由 28.1%下降到 17.1%，食品由 33.7%下降到 13%。日本科学委员会 1933 年成立以后，其资助项目也主要是军用技术的研发。两次世界大战之间，日本还是习惯性地以引进、消化欧美技术为主要的科技发展手段，一直持续到 1930 年。二战爆发后，日本引进技术渠道受阻，与欧美的技术差距逐渐拉大。这也让日本很难在二战中获取胜利。日本与德国一样，在二战中的战败，也是在与美国抗衡中的科技战的落败。

二、二战后追赶时期：1945 ~ 1990 年

二战极大地摧毁了日本的经济基础，但众多的科学家、工程师、技术工人的知识技能以及科创体系等软实力保留了下来，这为日本二战后快速恢复经济奠定了基础。二战后美国在占领与管制日本初期，对日本实行非军事化、民主化的管理。《和平宪法》《旧金山和约》《日美安全保障条约》等确立了日本在军事上对美国的依附关系。日本的军用科技资源因此转向民用。美苏冷战开启后，美国扶持日本产业尤其是军工发展，将日本打造成遏制共产主义的远东兵工厂和前线岛链。朝鲜战争的战事物资主要由日本岛提供，大量的军需订单助

推了日本二战后经济恢复。七年的美占时期结束以后，日本在和平主义的影响下选择了以民用科技为主的科技发展路线，军费开支保持在最低水平。这与美国二战后的布什模式是不一样的。布什模式是美苏冷战的产物。日本在日美同盟中对美国的依附造成日美贸易战中日本的被动地位，也为"失去的三十年"埋下了祸根。

日本在日美同盟的帮助下，充分引进美国先进科技，这样的横跨太平洋的日美科技网络创造了日本二战后（1956~1973年）增长率为年均10%的经济奇迹。1973年、1978年，全球发生石油危机，日本开发节能技术，其"轻薄短小"的能源集约型产业，尤其是节能环保的小汽车产业，在20世纪70年代世界经济低迷中逆势而上。研究联盟是日本科创体系开创的制度。1961年《矿业和制造业工业技术研究联盟法》颁布。1976~1980年，通产省下属研究所联合日本最大的五家计算机公司（富士通、日本电气、日立、东芝和三菱电机）组建"超大规模集成电路技术研究组合"，集中研究半导体技术，在短时间内赶超美国的半导体产业。1973~1987年，日本R&D经费支出增长了4.4倍，占国民生产总值比例从2.0%上升到2.8%。半导体、计算机、通信设备、精细化学等高科技产业快速成长。在全球最密集的研发投入和研发联盟的作用下，日本民用科技在20世纪80年代迎来全盛时期。美国国防部甚至向日本购买新材料、电子信息、火箭推进等军民两用技术。美国的军用技术在二战后转让给日本，二次研发转化为民用技术，再由日本民间出售给美国军方，美日同盟的军民两用技术转化形成了一个循环。

三、"失去的三十年"：1990年至今

二战后的日本经济在美国技术供给推动、国内城镇化与出口需求拉动的条件下，处于螺旋状上升的增长轨道上。冷战后的美国把国内经济重心放在民用科技上，日美同业竞争领域拓宽。日本商品在国际市场上不断挤压美国商品。日本成为美国贸易逆差的第一来源地，两国贸易摩擦愈演愈烈。1985年广场协议签订后，日元升值，日本商品出口竞争力下降。日本通过FDI把工厂逐渐迁往亚洲其他国家和地区，"地产地销"。日本制造业全球化，但是各环节间的地理距离阻碍创新知识的流动。这让生产成本降低的同时，创新效率也受到影响。

美苏冷战结束后，美国不再需要利用日本遏制苏联，减少了对日本民间的

技术转移，不断升级对日本的贸易制裁，使日本半导体、汽车等产业的国际市场占有率日趋下降，曾占世界市场半壁江山的日本半导体产业日渐式微。再者，日本公司的治理结构与经营模式并不能与 20 世纪 90 年代的新一轮信息技术浪潮相适应。日本泡沫经济破裂后，失业率、破产率不断攀升。日本政府错误的货币政策、财政政策使宏观环境变差。加上日本城镇化基本完成，人口老龄化、出口需求下降、经济不景气等多种因素叠加造成需求拉动经济能力下降。供给端的企业竞争力下降，需求端的消费者需求下降，日本经济进入螺旋式下降的经济增长轨道。1995 年，在财富 500 强前十的公司中，日本还占有 6 席，前四皆为日本公司。2022 年，前十已经没有日本公司在列，7 家公司位于前百，而且多数位于靠后位置（见表 3-1）。1995 年人均 GDP 情况为：日本为 4.34 万美元，美国为 2.87 万美元；2021 年人均 GDP 情况为：日本为 3.93 万美元，美国为 6.92 万美元。

表 3-1　日本财富 500 强公司前后对比

1995 年财富 500 强前十的日本公司	2022 年财富 500 强前百的日本公司
三菱集团（1）、三井物产株式会社（2）、伊藤忠商事株式会社（3）、住友集团（4）、丸红株式会社（6）、日商岩井株式会社（9）	丰田汽车（13）、三菱商事株式会社（41）、本田汽车（61）、日本伊藤忠商事株式会社（78）、日本电报电话公司（83）、三井物产株式会社（88）、日本邮政控股公司（94）

注：（）里的数字表示在 500 强的排位。

资料来源：笔者整理。

第三节　日本科创系统演变历程的理论启示

一、建立自主可控的科创系统

日本是二战后利用美国技术转移最成功的国家，这与日美同盟紧密关联。日本在二战后处于美苏的地缘政治之间。美国对日本的技术转移非常支持，需要发展日本成为美国抗衡苏联的亚洲桥头堡。二战后世界舞台上多种宪法条约确立了日本在军事、政治、外交、科技、经济等多方面对美国都有依附的关系。日本二战后的经济奇迹其实是美国二战后到石油危机前的黄金时期在空间上的扩延。日本是最成功克服石油危机的国家。20世纪70年代的日本经济发展比其他国家更出色。80年代更是日本的全盛时期。此时，日本半导体、汽车、消费电子等产业威胁到美国的经济安全。美国通过调查、签订协议等各种制裁措施，迫使日本企业逐渐退出美国市场，而美国企业逐渐进入日本市场。日本企业经营以市场最大化为战略目标。因此，市场丧失让日本半导体、消费电子等产品竞争力江河日下。日本制造神话破灭。此转折点就是20世纪八九十年代的日美贸易战。日本在贸易战中的不断让步与妥协是日本制造神话破灭的最重要原因，而这根本上源于日本对美国的经济依附。日本没有完全独立自主的军事权力与国际贸易话语权。这个软肋决定了日本可以不断追赶美国，但绝对不能超越美国。

进一步地说，日本科技也没有能力超越美国。日本科创系统在二战后对接美国科创系统，从美国不断引进新科技，然后投入引进费用5~8倍的研发经费以消化吸收与二次创新。日本精益制造的"匠人精神"让日本产品比其他国家质量更优。这里着重强调的是，日本是在美国开拓出来的技术轨道上对美国的追赶。美国作为一个开拓者，它以强大的基础研究能力为基础，它可以在未知的领域自由地探索出新的无限可能。日本拥有的是一个重应用、轻基础的科创系统，工程教育特别突出。日本的多个诺贝尔奖都是在工厂车间诞生的。例如，获得1973年诺贝尔物理学的江崎玲于奈在车间发现"隧道效应"。21世纪初的日本诺贝尔奖井喷现象，也可归功于20世纪日本工业黄金时期的科研成果。随着日本制造的衰退，估计后续很难再出现诺贝尔奖井喷现象。

日本企业以市场占有率为主要经营目标。在20世纪80年代中期，多个产业达到市场占有率巅峰时，也是日本企业转向下坡路时。因为日本并不懂得开拓新的技术轨道。日美贸易战后，作为"工业粮食"的日本半导体产业的大公司陆续消失，剩下大量为美国半导体产业提供配套的零部件和新材料的处于被动和附属地位的中小企业。日本更加擅长的是引进欧美相对成熟的技术，再让科技本土化并与精益制造相结合，提供高性价比的产品占领国际市场。但是，在美国依赖强权迫使日本退让市场后，日本制造不可避免地衰退了。美国更加擅长颠覆式创新，开拓新的技术轨道。日本更加擅长渐进式创新，沿袭别国的技术轨道。日本陷入了一个"引进—落后—再引进—再落后"的循环之中。从日本"失去的三十年"的前车之鉴中，我们看到了建立自主可控的科创体系的重要性。

二、建立开放自由的科创系统

日本的金融制度是主银行制度。二战后重建，需要投资基础设施与重化工业，这些资本密集型的产业需要大量资金支持，提供低息的银行是日本二战后的主要金融安排。银行之间联合对企业放贷，最大的银行为主办银行，银行与企业之间相互持股。主办银行、综合商社、制造企业构成利益紧密关联的财团。综合商社是财团的核心，是经营的主体。知识在财团内部是自由流动的，但在财团之间的流动则受利益对立的限制。财团支持了日本重化工业发展，创造日本奇迹，但在信息化浪潮中，却显得笨拙不适应了。

19世纪90年代中期在美国兴起的信息技术浪潮中，以中小企业和风险资本为主要的知识创造主体。美国的企业与知识可以不断地裂变、组合，但是日本一体化的企业组织似乎比较僵化，难以适应快速的研发周期、不断变化的竞争环境以及日益小众化的需求。日本的风险投资制度落后，资金量少，基金经理以财税方面的人才为主，对科技并不精通，这会影响创新投资的效率。资本市场落后，难以为风险投资提供退出渠道。这样一来，日本企业的外部治理环境构筑了一个相对封闭的知识流动受限制的科创系统，而这种系统并不能适应信息化浪潮中的开放式创新模式。这在一定程度上解释了日本"失去的三十年"。

再来看看日本企业内部的治理环境。日本大股东通常是大银行，银行关注企业的稳健经营与市场占有率。控制日本企业的内部人通常是技术精英，这与美国资本市场的股东价值最大化不一样。这一点有利于企业专注于技术创新与精益制造。日本企业采用"属人主义"。终身雇佣制、年功序列制、企业内工会使得员工高度依附于原有企业，员工跳槽受到很大限制。这与美国的员工高度流动性从而带动知识高度流动性不同。美国硅谷很多工程师带着新技术辞职，在创新资本的支持下新设公司。日本企业的员工在各部门间可以自由流动、轮岗，因此各部门之间的知识流动自由流畅，员工通常也是多方面能手的通才。这有利于生产、设计出精品，但不利于生产出新品。日本企业的人力资源制度支撑着渐进式创新，美国企业的人力资源制度则更多地支撑着颠覆式创新。

再来看看供应链上的治理环境。日本企业倾向于稳定的供应商，形成稳定的知识流，这有利于精益制造。美国企业则倾向于不断变换的供应商，供应商之间的竞争形成知识创新的压力，并且形成了多个创新源头。美国供应链的创新更加具有动态性、破坏性。日本企业并不擅长市场营销，与用户存在一定的知识沟通障碍。例如，夏普研发出独有的"非标准化的"四原色液晶电视氧化铟镓锌面板，但缺乏与之兼容的技术和产品，因此很难量产。又如，NTT（日本电报电话公司）开发出只能在日本国内使用的PDC（个人数字蜂窝通信系统）技术标准，导致日本手机在国际市场难以立足。这些失败的案例也证明了日本供应链上中下游之间的知识的流动、传播是相对封闭的。这也让日本制造慢慢走下神坛。

为了加强日本企业之间的知识流动，提升各子系统之间的开放兼容性，日本经济产业省提倡企业间研发联盟的做法。最成功的是1976~1980年实施的VLSL（大规模集成电路）计划。它使得日本半导体产业在20世纪八九十年代赶超美国并占领全球市场的半壁江山。然而，绝大多数研发联盟的效率是受到质疑的。在87个联盟中，真正起作用的只有2个，其他联盟的成员只是象征性地拿走自己的份额，然后回到自己的实验室钻研，联盟成员相互之间的知识交流甚少。在大科学发展初期，在企业研发资金不足与跨领域的知识、人才缺乏的情况下，研发联盟起到了一定的阶段性作用。但是，随着企业之间的自愿的研发合作的增长，政府组织的研发联盟逐渐退出历史舞台。政府牵头的研发联盟明显受到官员自身科技知识水平的制约。VLSL计划也是研发联盟的最后一次成功。

日本国防支出一直保持最低的水平。因此，政府在研发方面的投资占全社会的比重较低，这与冷战时期的美国不一样。日本经济产业省的研发联盟对科技创新的引导与鼓励的作用也不及私营企业。日本在二战后选择以民用科技为主的研发路线，这决定了企业在研发体系中的突出地位。至于大学，日本大学偏重于应用研究，基础研究薄弱，这与一贯以来日本注重实用与工程教育有关。日本大学与企业之间的科研成果转化也薄弱。日本政府认识到本国科创系统的僵化、静态与相对封闭，于是逐渐改革科技创新体制。1995年制定《科学技术基本法》，计划加大基础研究的投入。1998年制定《大学技术转让促进法》，这类似于美国的《拜杜法案》，旨在促进大学成果向产业应用转化。2004年改革国立大学为独立行政法人，教师实行非公务员化，高校研发管理体制更加灵活。20 世纪 90 年代以后，日本科研投入与产出成果依然在世界前列，但是，科研成果并没有转化为生产力和竞争力，形成"失去的三十年"。这主要归因于日本封闭的科创体系不能适应信息科技的范式。日本科创系统因此进入漫长的转型时期。从日本"失去的三十年"的前车之鉴中，我们看到建立开放自由的科创体系的重要性。

三、建立结构协同的科创系统

日本相对封闭的科创系统让科技传播力减弱。日本出口部门（主要是工业部门）的劳动生产率比其他国家高出 20%，占日本就业人口的 10%。而非出口部门（主要是服务部门）的劳动生产率只有美国的 60%，却占有日本就业人口的 90%。高生产率的制造业部门的科学技术并不能很好地传播到低生产率的服务业部门。这就形成日本双轨经济：低效率非贸易部门占据 90%的就业岗位；高效率出口部门占据 10%的就业岗位。改变这种双轨经济需要建立开放式科创系统，让科技在部门间更加自由地流动、组合，并生产出更多的新知识。

少子化、老龄化的人口结构减缓经济增速。一方面，日本经济的低迷让年轻人选择少生优生；另一方面，日本老人平均寿命日渐延长。这样一来，日本人口结构呈现少子化、老龄化趋势。少子化让国家生产与消费总量下降。日本年轻人不重视制造技术的学习，工匠精神以及工场工艺难以传承，这会削弱精益制造的日本工业。老人的保健支出成为财政负担，让财政在科创方面的支出减少。因此，日本人口结构对"失去的三十年"也有一定的解释作用。未来日本人口结构需要朝着鼓励生育方向优化，让人口结构优化与产业结构、技术结构升级协同。

日本大学轻视基础研究，发展后劲不足。日本大学竞争力并不突出，与 GDP 全球第三的地位不一致。大学是生产世界各国共享的公共知识的机构。企业生产的专利或者工艺诀窍则受私有产权保护。通常地，基础研究主要交由大学完成。但是，日本的大学与政府科研机构更注重应用研究，而轻视基础研究。这让科研人员在未知的前沿领域的探索能力有限，也限制了突破性创新、破坏性创新的能力，这也成为日本经济与科创发展的"瓶颈"。日本科创系统的知识结构也是需要优化的：提升大学基础科学理论的学习与研究，并促使基础研究与应用研究融合。

第四节　结　语

日本大和民族是一个上进的民族。先天的资源贫瘠并不能阻止后天的勤奋学习，不能阻止国力的不断攀升。日本是一个不断追赶西方大国的东方岛国。日本从中国封建文化中吸收的集权主义在资本主义工业革命中演化为军国主义。这为它对外军事侵略以及后来的战败埋下了祸根。日本二战的失败可以说也是自主科技缺失的失败。二战后日本的非军事化让其在军事、外交上依附于美国。美国对日本的科技转移也是在日本不能超越自身的条件下进行的。二战后的日本对于自主研发与基础研发相对薄弱，以及美国依赖强权对日本发起的贸易制裁，让作为日本增长引擎的出口部门走向衰退。这说明，在全球化之下，对于一个大国科创体系的可持续发展而言，自主可控的科创体系是必需的。

与日本的集权、忠诚文化相适应的，日本科创系统的知识也是相对集中、封闭与稳定的。组织内研究（In-house Research）给知识在组织间的自由流动加上了栅栏。这不能适应信息科技浪潮的开放式创新范式需要。日本出口部门的科技不能自由、高效地传播到非贸易部门，这造成了失调的双轨经济。日本少子化与老龄化的人口结构、不重视理工知识学习的学生以及不重视基础研究的大学，这些都对未来日本的科技进步造成不利的影响。日本科创体系需要转型，公司治理结构、金融结构等都需要不断改革，而这需要一个漫长的过程。

参考文献

［1］理查德·R. 尼尔森. 国家（地区）创新体系：比较分析［M］. 曾国屏等译. 北京：知识产权出版社，2011.

［2］K Ohkawa, M Shinohara, M Umemura. Estimates of Long-Term Economics Statistics of Japan since 1868［M］. Tokyo：Tokyo Kelzal Shinposha, 1988.

［3］张玉来. 日本制造业新特征及其转型之痛［J］. 现代日本经济，2018（4）：35-47.

［4］金仁淑，孙玥. 日本制造业："丑闻"频发，竞争力下降［J］. 现代

日本经济，2019（6）：52-67.

［5］本·斯泰尔，戴维·维克托，理查德·内尔森. 技术创新与经济绩效［M］. 上海：上海人民出版社，2006.

［6］舒超华. 美日贸易战及其对我国的启示［J］. 金融发展评论，2019（6）：1-11.

［7］王承云，杜德斌. 日本企业的模式与科技创新研究［J］. 中国科技论坛，2007（9）：131-135.

［8］汪辉，顾建民. 大科学范式下顶尖科技人才及其培养模式——基于21世纪日本诺贝尔奖井喷现象的分析［J］. 高等工程教育研究，2019（3）：69-75.

［9］林丽敏. 日本制造业："回归"抑或"从未失去"［J］. 现代日本经济，2019（5）：70-82.

［10］张宗庆. 知识流动与学习效率——美、日国家创新系统的比较及对我国的启示［J］. 国外社会科学，2002（6）：60-64.

［11］Goto, Akira, Hirovuki Odagiri. The Japanese System of Innovation: Past, Present, and Future［M］. New York: Oxford University Press, 1993.

［12］陈杰，邓俊荣. 日本技术创新体系的转型分析［J］. 中国软科学，2005（8）：52-62.

［13］平力群. 创新激励、创新效率与经济绩效——对弗里曼的日本国家创新系统的分析补充［J］. 现代日本经济，2016（1）：1-10.

第四章 欧洲大国科创系统演变历程及其理论启示

第一节 德国：渐进式科创系统

一、引言

"德意志"是一个民族和地理的概念，位于欧洲走廊上，历史上战火纷飞。文艺复兴、宗教改革与启蒙运动，让德国国民思想逐渐解放。19世纪末20世纪初，德国成为世界的科技、教育中心。既有爱因斯坦、普朗克等伟大的科学家，也有西门子、林德、拜耳等天才的发明家，群星璀璨。然而，位于欧洲走廊上的地缘让历史上战乱的德国在20世纪初发起两次世界大战。自由探索的科创系统遭到独裁政治的破坏。从此德国进入僵化的科创系统，以渐进式创新为主。考察德国科创系统演变历史，以两次世界大战为界限，可划分为三个阶段。

二、德国科创系统演变的简史

（一）一战前崛起时期

神圣罗马帝国（962~1806年）时期，公国林立，四分五裂，深受天主教压迫。天主教会创立大学以培养神学人才。1517年，维腾堡大学教授马丁·路德反对天主教会垄断教育，主张普及义务教育。18世纪，普鲁士公国是实行义务教育最深入广泛的国家。1809 年，威廉·冯·洪堡负责普鲁士的教育改革，以"全面教育"的理念，废除贵族对教育的特权，普及义务教育。经过几代人的努力，到 1846 年，普鲁士入学率高达 82%，是世界上最早普及义务教育的国家。19 世纪上半期德国的读写能力在欧洲处于顶级的群体位置。

洪堡还为普鲁士设计了一套从小学、中学到大学的教育体系。1810 年，洪堡建立了第一所现代大学——柏林大学。柏林大学把塑造个性与理想主义哲学相结合，把教育与科学研究相结合。1871 年，德国统一为联邦国家。但德国没有像法国巴黎大学，英国的牛津大学、剑桥大学这样的国家中心大学。各联邦州管理各自的教育系统。各联邦州大学纷纷仿效普鲁士的柏林大学转型为研究型大学。德国教育的分权化体制使得现代大学快速发展。学生数量从 1870 年的 14000 名增长到 1914 年的 60000 名。德国实行讲座教授制度，一所大学一个学科只有一位教授。学科发展初期，教授职位饱和以后就会出现学科分化，出现新的教授职位。德国学生规模的快速发展也支持了科学专业化，自然科学的分支快速成长。德国在医学、化学和物理学等领域甚至攀升到世界领先水平。

19 世纪，工程教育在德国大学发展比科学教育缓慢。20 年代早期，普鲁士在培训技术工人的职业学院方面领先，大部分联邦州跟进建立工艺学院。为取得与大学同等的社会地位，工艺学院强调数学和科学方法的运用。70 年代，工艺学院改称为技术院校，和大学需要同等的入学资质。1899 年，普鲁士国王以个人名义赋予技术院校授予博士学位的权力。在 20 世纪的头 10 年，约有 30000 名工程师从德国的学院或大学中毕业。相比之下，美国仅为 21000 人。1900 年前后，大量的商业教育学校相继建立。20 世纪初，德国已经建立起覆盖科技和商务、从初等学校到博士水平的复杂的教育系统。德国大学和技术院校吸引了很多外国留学生。由此，德国取代法国，成为世界的教育中心。

在德国教育制度创新、快速发展之外，1887 年中央政府支持成立物理技术皇家学会，从事标准和测量的基础研究，该制度成为其他国家学习的楷模。20 世纪初，德国中央政府与联邦各州也设立了多个应用领域的研究机构，主要是面向公共事务，或者军事科技。在 1860~1913 年的 53 年间，政府对教育科研财政支出增长了约 9 倍，其中主体是联邦各州，但占比趋势是下降的。联邦各州占总的科学公共经费支出的比重由 1860 年的 100% 下降到 1913 年的 78%，到 1938 年只占 53%。德国先是通过教育立国，再以教育和科研支撑产业发展。

19 世纪初，德国在科技、经济上处于落后地位。德国向英国、比利时引进机器设备以及技术工人，或通过访问学者、产业间谍的方式取得先进技术，对此在财政上大力支持。蒂宾根大学政治经济学教授弗里德里希·李斯特主张松散的德国各联邦州建立关税联盟，通过关税保护限制进口，扶持国内产业发展以实现经济赶超。1834 年普鲁士和部分州建立关税联盟。1871 年最终建立政治联盟。政治上的统一，铁路、公路、运河的建设，以及科教基础设施的建设，为经济赶超提供了基础条件。尤其是科研与教育，为产业提供了充沛的新技术与科学家、工程师、技术工人，使得制药、合成染料、电气、机械制造等产业快速发展。德国的合成染料产业还开创了公司内部的科学研究的新职能。到 20 世纪初德国的上述产品成为世界市场上的主导产品。1913 年，德国国内生产总值已超过英国、法国，成为欧洲第一经济大国。这也为德国发起世界大战提供了底气。

（二）两次世界大战时期

第一次世界大战使出口依赖度很高的德国生产倍受打击，因为英法美等国家切断了从德国的进口渠道，以国内生产替代德国产品进口。一战中德国的很多研究机构也把研究方向调整到军事需要。一战后的《凡尔赛条约》使德国蒙受巨额损失，其专利被征用。恶性通货膨胀使得科研经费更加紧张。尽管有《凡尔赛条约》对军事研发的禁令，但德国的军事研发在一战后也是秘密进行的。20 世纪 20 年代，众多行业的卡特尔数量大增，以应对战争的冲击。由于德国的技术基础没有被破坏，众多的产品出口在 1930 年前后恢复到战前的领先地位。在二战中，德国工厂大量被破坏，大学与研究机构的科学家和工程师被迫离开德国，如阿尔伯特·爱因斯坦、约翰·冯·诺依曼，等等。德国创新体系遭到严重破坏。

（三）二战后发展时期

二战后的德国分裂为东德和西德：东德创新体系采用苏联中央计划经济。西德创新体系采用社会市场经济。二战前德国的创新体系在西德得以恢复重建。二战后，德国在海外的专利和商标不被承认，大量人才继续流失。军事研发以及部分民用科技研发被禁止，包括原子能、航天航空、火箭推进、雷达、自动控制等领域，直到 1955 年核心禁令才解除。这让德国的航空、电子、通信产业发展迟缓。二战后德国（下文的二战后至 1990 年的德国指代联邦德国）在美国的马歇尔计划扶持下快速重建，但再也没有达到一战前德国科技和经济的辉煌。

二战后德国的出口绩效受到日本的挑战，二战后日本的光芒更胜德国。日本的研发投入占 GDP 的比重、企业研发占总研发的比重等指标在历史上多个年份高于德国（见图 4-1）。德国出口绩效表现良好的产业体现在汽车、机械等技术密集度居于中等水平的产业，而且绩效在很大程度上源于欧盟对日本产品实施的非关税壁垒。德国在尖端科技如半导体、软件、生物制药等产业出口绩效平庸。这可以从二战后德国的科技创新体系的制度根源上寻找原因。

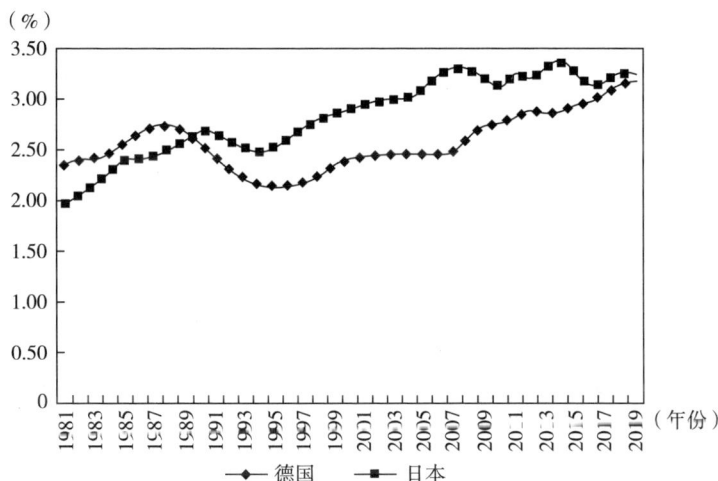

图 4-1　德国、日本研发投入占 GDP 比重（1981~2019 年）

资料来源：OECD 官方网站，https：//data. oecd. org/rd/gross-domestic-spending-on-r-d. htm#indicator-chart。

德国在 19 世纪开创了多个教育与科研的新制度。这让德国在 20 世纪初（1901~1910 年）囊括了 33% 的诺贝尔科学奖，远超法国的 16%、英国的 11%、美国的 3%。直到 20 世纪 30 年代德国诺贝尔科学奖获奖数才被美国超过。但在二战后，德国的教育与科研制度变得落后了，大学教育与研究相结合的传统制度消失了。纳粹统治之后，大学很少再面向实际应用展开研究工作。讲座教授制度也妨碍了学科的进一步分化与发展。大学教授是国家公务员，法律限制教授在教研以外的创收活动。教授的学术成果或者专利难以转化为生产力。这与《拜杜法案》实施之后的美国大为不同。德国教授对申请专利没有积极性，主要精力投入论文发表中。国外教授也被禁止成为德国大学的终身教授，难以吸引国外优秀教授。

随着工业化对人才需求的上升，德国大学在20世纪60年代末70年代初扩招，师生数量成倍数急剧膨胀，这是以牺牲教学质量为前提的。如今的德国不再是世界的教育中心，博士层次的留学生所占比重是最低的，美国最高。德语不是国际通用语言，法律限制留学生勤工俭学，教育质量跟不上。这些都可以解释德国教育服务在世界市场上的弱势。如今德国大学教育为产业提供的人才不如第二次工业革命时候的高质量。德国教育系统与产业技术创新系统存在脱节，研究专业化与技术专业化存在脱节。高校专业的设置不能应对产业变化对人力资源的新需求。德国教育和科学部、研究和技术部的分离，这并无益于加深教育系统与产业技术创新系统的对接。德国教育系统需要改革。

在德国柏林大学开创教育与研究结合的模式以后，德国研究机构进一步细分为基础研究机构与应用研究机构。德国最优秀的科研人员就职于公共研究机构。学术研究能力略逊的学者供职于大学。德国四大国家骨干研究机构各有侧重，分工合作。马克斯·普朗克学会是诺贝尔科学奖的摇篮，专注于大学能力以外的长期的基础研究，总部位于慕尼黑。亥姆霍兹国家研究中心联合会是德国最大的科研机构，代表着德国的科学形象，主要耕耘在私有部门失灵的关键技术领域，如环境、能源、卫生健康、太空技术、飞机制造、信息通信等。它们通常需要运用大科学装置来展开研究。莱布尼茨科学联合会为成员机构提供基础科研条件，覆盖基础研究和应用研究，相当部分成员分布在东德。最成功的是弗劳恩霍夫应用研究促进协会，总部也是在慕尼黑。慕尼黑是德国的科技创新中心，集聚了全国最优秀的人才，孕育了电气电子、航空航天、软件和生物制药等产业。弗劳恩霍夫应用研究促进协会聚焦成果转化与应用研究，服务众多中小企业。资金1/3来源于政府，1/3来源于政府发起的与企业合作的项目，1/3来源于私人企业。资金平衡有利于组织决策的灵活性。但是，劳动市场的刚性以及政府对协会人员聘任的约束，使得决策趋于迟钝，不能适应信息科技与生物科技的快速变化。协会的薪酬受政府规定的限制，不能与私人企业向科技工作者支付的薪酬竞争。科研任务外包这种新兴的科研合作方式，也使得协会的重要性趋于下降。

德国与日本、美国一样，企业研发是国家科创的主导力量。以1989年为例，德国的研发经费投入约 63% 集中在企业。企业研发能力约 30% 集中在德国七大巨头：西门子、戴姆勒—奔驰、宝马、拜耳、赫斯特、大众和巴斯夫。专利也显示一定的集中度：德国公司在美国申请的专利 29% 集中在 5 家公司。德国还有众多的中小企业，围绕在行业龙头企业的上下游。这些中小企业实行市场细分战略，在很多细分领域是世界隐形的冠军，同时也得到了弗劳恩霍夫应用研究促进协会非常有利的科研协同与转化服务。

德国企业创新擅长于在既定的科技轨道上不断吸收与利用新技术，但是在以科学创新为基础的新产品开拓上并不擅长。在第二次工业革命的创新浪潮下，继西门子发明了发电机，霍夫曼发现了阿司匹林等的新产品开拓以后，德国在重大新产品发明上并没有多大贡献。然而，德国汽车、机械等产业在生产流水线上吸收利用信息技术却表现突出，这与德国的社会市场经济有关系。德国实行主银行制度，主银行对企业中长期经营决策有重大影响，但是主银行对研发投入的支持意愿度低。企业以稳健经营为主，较弱的资本市场难以为企业扩充规模与风险资金提供支撑。在劳动市场上，工会具有强大影响力。工会与雇主协会谈判的工资结构具有行业指导作用，难以根据市场需求灵活调节工资行业结构，因此也难以吸引工人对新技能、新技术的继续学习投资。劳资协同经营制度也让工人对新技术的采用并不积极，因为这会影响沉淀的技术投资。政府对劳动力的流动也有诸多管制。长期雇佣制度让工人的技能容易长期锁定，沿着既定的技术领域不断积累干中学的经验。这就可以解释为什么德国在汽车、机械等领域工艺精湛，但是在软件、互联网、生物制药等技术快速变化的行业，反应迟缓，业绩平庸。政府对生物制药的过度管制更使德国作为世界药厂的优势遭到削弱。

德国擅长渐进性创新而弱于颠覆性创新，这与德国教育体制也有一定关系。德国发达的二元制职业技术培训可以解释德国工业不断精湛的工匠技术。但是，德国在二战后落后的大学科学教育，以及低效的大学研究成果产业化，很难支撑颠覆性创新。德国技术专业化与出口绩效良好的出口专业化匹配，但是企业的技术专业化与大学的研究专业化就不匹配了。

三、德国科创系统演变历程的理论启示

（一）维护学术自由

德国崛起首先是教育崛起，教育兴国。普鲁士公国最先普及义务教育，开创教研结合的大学模式，开创二元制的职业教育。教育提供了充沛的科学家和工程师。德国建立了广泛的科研基础设施，公共研究机构合理分工。德国研究机构科研能力比大学更强。大学与研究机构为产业国际竞争力提供了坚实的支撑。德国经济在 20 世纪初崛起，这是在学术自由探索基础上的兴起。然而，世界大战期间的纳粹独裁统治破坏了既有的教研体系。战后的大学研究不再主动面向应用。教授属于公务员编制，业绩受国家考核。学术自由受到限制，尤其是在纳粹统治期间，学术服从于统治需要。讲座讲授制度在教育发展初期可以鼓励学科分化，但后期学科分化能力越来越弱，导致学术进步速度越来越慢。德国大学表现与经济大国地位不匹配。德国排名第一的慕尼黑工业大学在 2022QS 世界排名第 50 位。德国在以科学为基础的创新上表现平平。因此，允许并鼓励大学教授在未知的科学前沿上自由探索，而不受政府意志的干预；允许大学教授面向实际应用实现学术向生产力的转化，并获取财务激励。这是大学支撑经济发展的必要条件。

（二）确保市场自由

德国行政力量不但干扰了学术自由，还干扰了市场机制的自由，表现最明显的是劳动力市场。德国政府对劳动力流动有多种约束，这就限制了缄默知识流动。工会力量造成了工资体系的刚性，不能引导工人对新技能的再学习。政府对生物医药等行业的过度管制也阻碍了产业发展。资本市场尤其是风险资本市场缺失，对产业创新的支撑力度薄弱。政府出资的公共研究机构接受政府监管，研发决策并非完全自由。这会影响研究机构对市场新机会的反应速度。德国新一代电子信息技术产业因为市场缺陷而发展落后，这对德国发展工业 4.0 并不能提供强大支撑。因此，完善德国劳动市场、资本市场与研发市场的自由市场机制，是未来德国产业活力与竞争力进一步提升的关键，而自由市场对任一国家的科创系统都是一项必要的条件。

四、结语

德国在第二次科技革命中，为人类文明贡献了巨大的知识财富与物质财富，是世界科技中心。然而，科技带动经济的崛起却不幸地让历史上的军国主义复活。独裁政治破坏了研究与开发的自由。德国科创系统演变史给世人最重要的启示是：给科学家与工程师充分探索的自由，给大学与市场充分决策的自由。决策与行动自由是让僵化的科创体系变得灵活与灵敏的必要条件。

第二节　英国：领导者向追随者的退化

一、引言

英国，曾经的日不落帝国，世界上最强大的国家，位于西欧海洋上的一个岛国，在大航海时代凭借科技与工业革命崛起，建立横跨七大洲的殖民体系。如今，历史上的全球网络还支持着伦敦全球第二大金融中心的运转。曾经的牛津大学、剑桥大学还在为英国培育着诺贝尔科学奖的获得者。然而，英国强大的科学基础能力并不能很顺畅地转化为技术和生产能力。英国，如今已是欧洲第二大经济体、全球第六大经济体。不完整的科创体系可以部分地解释这种衰落现象。

二、英国科创系统演变的简史

（一）领导者时期

源于意大利的文艺复兴传播到岛国英国，岛国在大航海时代具有天然的地理优势。15世纪末，岛内资本主义手工业萌芽。工业支持英国在海战中取胜，夺取海上霸权与海外殖民地。1640~1688年的资产阶级革命确立了君主立宪制，为自由资本主义经济提供了稳定的政治环境。1687年，牛顿的《自然哲学的数学原理》出版，完成了第一次的自然科学综合，史称第一次科学革命。科学家与新学科研究集聚英国，英国成为世界科学中心。资本主义发展与海外市场为工业技术革命创造了需求。英国1624年实施的《垄断法案》是现代意义上的第一部专利法，鼓励技术创新。在牛顿的第一次科学革命基础上，英国在18世纪60年代开始了浩浩荡荡的技术革命。1765年，哈格里夫斯发明"珍妮纺纱机"，英国工业革命开启。1785年，瓦特发明万能蒸汽机，人类进入蒸汽时代。接着，汽船、火车机车等后续的发明层出不穷。科学革命、技术革命与工业革命让英国在19世纪40年代建成第一个现代化国家，工业总产值占世界的40%。全球范围的自由贸易、殖民体系使得英国成为人类史上最庞大的国家。

19世纪中叶，英国在科技上的创新依然领先。例如，1831年"电学之父"法拉第首次发现电磁感应现象，发明圆盘发电机；1859年，达尔文提出生物进化论；1873年，麦克斯韦建立统一的电磁理论。但是，英国依靠传统的世界分工与自由贸易体系获利丰厚，对旧技术的迷恋形成了先行者劣势的技术惯性，对新兴技术的采用与大规模生产不感兴趣。反之，英国在第一次工业革命中发明的火车、汽船等交通工具创新使德国、美国等陆权国家形成统一的国内市场。德国、美国在国内构筑高关税壁垒，并大规模采用新技术发展新兴产业。1866年，德国人西门子制成了发电机；19世纪70年代，美国人贝尔发明了电话；等等。在第二次工业革命中，英国已经表现出科技与生产的脱节。诸多的电气科技，生物、化学的发现与发明源自英国，但大规模产业化在德国、美国。美国工业总产值在1894年超越英国成为第一资本主义工业强国。德国工业总产值在20世纪初也赶超英国。英国在科技与产业创新的领导地位在19世纪末20世纪初已经动摇。

（二）追随者时期

大英帝国的国力以及国际地位进入20世纪就进入下降通道。20世纪初的两次世界大战可能遮掩了这样的趋势，但在二战后的五六十年代，趋势就非常明显了，因为同时代的日本、德国创造了经济奇迹，同时代的美国也是黄金时代。20世纪70年代的英国还被视为"欧洲的病人"。英国在第三次产业革命中的技术创新已沦为追随者。分析其原因，大致如下：

第一，中产阶级文化轻视制造业，重视服务业。官员大多数从事服务业，理工科毕业生大部分也从事金融、咨询等服务业。工程文化在英国很薄弱，工程师职业声望低。英国服务业对于采用新一代信息新技术非常擅长，但也只是技术使用的用户，而不是技术创新主体。英国研发经费占GDP的比重低（见图4-2），英国该比重比欧盟、经合组织的平均水平都低。英国制造业中研发密集度高的是制药和化工行业，制药行业集中了全英国近1/4的企业研发支出。与制药相关的生物科学、临床医学在英国也非常发达。制药企业围绕在剑桥大学等高校附近形成生物医药集群。葛兰素威康（Glaxo Wellcom）、史克美占（SmithKlin Beecham）、阿斯特捷利康（Astra Zeneca）等为全世界提供了天诺敏、胃泰美等新药。除制药业以外，英国其他具有竞争优势的产业集中在资源密集型行业：石油、天然气；食品饮料、烟草。这与英国的地理优势和历史传统相关。至于中高技术密集型的产业如电子电气、机械、汽车等行业，外来直接投资占了主导地位，如德国的西门子，美国的通用电气，日本的本田、尼桑、丰田等。

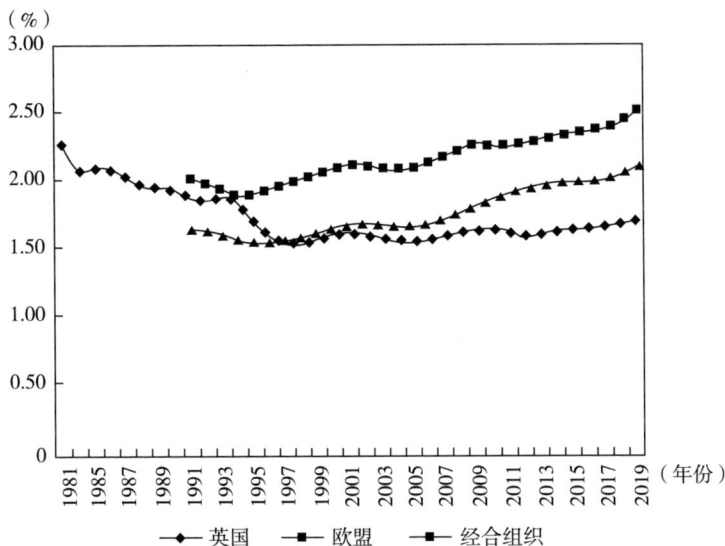

图 4-2 英国、欧盟、经合组织研发经费占 GDP 比重（1981~2019 年）

资料来源：OECD 官方网站，https：//data.oecd.org/rd/gross-domestic-spending-on-r-d.htm#indicator-chart。

第二，政府构建科创体系不力。英国奉行自由资本主义制度，因此政府对科技创新的干预显得犹豫不决。①政府对研发经费的开支大部分流向了航空、电信、核电等大型复杂技术系统的开发，对民用科技带动不强。庞大的国防开支集中在精细产品的开发上，军民转化通道不通畅，并挤占了工业研发资源。②英国在对前 15% 的劳动力实施的博士教育在世界领先，但是对后 85% 的劳动力的大众化教育落后，尤其是职业技术教育落后。劳动力普遍较低的技术水平造成了英国对先进科技的理解与传播能力偏弱。③由于英国较早地掌控了欧洲货币市场，与东京、纽约形成了紧密的客户网络，资本市场尤其是控制权市场发达。企业偏好于通过并购来发展，而不是通过踏实的内部研发与管理创新来成长，这无益于国家产业持久竞争优势的提升。④国家打造若干行业"国家冠军企业"的计划，降低了行业竞争度。欧盟的统一关税壁垒对英国汽车产业产生负面影响。英国不缺乏自动引擎技术，但由于贸易保护以及较低程度的竞争，英国汽车企业家缺乏足够的动力来采用新的汽车生产系统。⑤英国没有类似德国弗劳恩霍夫应用研究促进协会的科技转化中介机构，科学和工程的联系薄弱。工业联盟在 20 世纪上半叶繁荣以后，也逐渐衰落了。总之，英国政府在建设科创生态方面有点"政府失灵"了，这让英国在国际科技创新的诸多领域成了追随者。

三、英国科创系统演变历程的理论启示

（一）工业是科技进步的主体

英国拥有最古老的工业体系。英国正是凭借工业战胜西班牙、葡萄牙、荷兰，在大航海时代成为海上霸主。德国、美国、日本也是凭借第二次、第三次工业革命中的科技创新实现国力的崛起。然而，英国从 19 世纪末开始表现出对新兴工业的冷淡与对服务业的尊崇，从而进入国力下降通道。工业是科技进步的主体，是国防安全、经济安全的基础，也是社会赖以生存和发展的物质基础。服务业是服务于生产和生活的劳务，技术密集度相对较低，对人类科技进步的贡献也相对较低。以中国 2008～2012 年三次产业发明专利密集度为例：第一产业为 2.46 件/万人，第二产业为 21.37 件/万人，第三产业为 7.10 件/万人。工业具有最高的专利密集度。根据国家知识产权局发布的《专利密集型产业目录（2016）》，专利密集型产业包括八大产业：信息基础产业、软件和信息技术服务业、现代交通装备产业、智能制造装备产业、生物医药产业、新型功能材料产业、高效节能环保产业、资源循环利用产业。八大产业只有软件和信息技术服务业属于服务业，其他七大产业都属于工业。2010～2014 年我国专利密集型产业增加值年均增长速度为 16.61%，是全部国民经济行业 8.04% 的两倍。专利密集型产业具有更快更强的发展能力，而且具有技术溢出的外部经济，带动国民经济其他行业发展。服务业对其他行业的知识溢出能力就相对小很多。

（二）政府负责建设科创体系

科技创新具有正的外部性，市场私人部门供给达不到社会帕累托最优。部分大科学项目超出私人投资能力与风险承担能力，还必须由政府来提供。科创活动需要输入各种资源，如果构成科创生态体系，那科创与生产就形成良性的互动循环。科创体系是一个公共产品。政府在公共产品提供上承担天职。英国在科创体系上是不完整的，如职业技术教育的落后、科技成果转化中介机构的

缺失、公共研究机构的薄弱、工业企业研发投资的低强度、政府过度的管制、较低的市场竞争程度、资本市场的食利文化、工程师较低的职业声望等，都让英国成为一个不太成功的科技创新国家，也只能在众多的科技创新领域成为追随者。

四、结语

英国在颠覆式创新上不及美国，在渐进式创新上不如日本、德国，这与大英帝国殖民体系遗留下来的食利文化有关。英国传统观念似乎认为，制造业是殖民地所为。工程师在英国职业声望不高。如今，英国的科学研究传统遗留下来了，但是技术创新、工艺创新与工匠精神似乎失传了。英国与美国奉行自由市场原则，但在市场失灵的地方，英国政府并没有显示果断的决策能力与勇敢的执行能力。政府在建设科创体系上也失灵了。英国如要恢复昔日的荣光，政府应该在科技创新体系构建上更有所作为。

第三节　法国：国家强干预的僵化系统

一、引言

法国，一个与英国隔海相望的海权陆权兼备的国家，人口数量与英国相若，但面积是英国的两倍。法国是启蒙运动的发源地，也曾经短暂地做了约半个世纪的科学中心，1770～1830 年，与拿破仑铁蹄横征欧洲大陆的时期相叠，这是法国的辉煌时期。另一个辉煌时期是在戴高乐将军领导下的二战后的法国，通过发展军事—工业联合体构建独立自主的科技创新体系。但也是由于这个庞大的且条块分割得过于中央集权的科创体系不能适应第三次工业浪潮的短周期的科技迭代，法国科技创新在 1975 年以后显得步履蹒跚，成为一个专利赤字的国家。法国并不像日本、德国、英国那样追随美国。法国在外交上第一个与中国全面建交，是联合国五大常任理事国之一。法国的核能技术、航空航天技术世界领先。

二、法国科创系统演变的简史

(一) 科学中心时期: 1770~1830 年

大航海时代的法国是世界贸易中心。世界贸易网络也给法国带来了异国科技文化。第一次科技革命后, 英国先进的科技文化传播到法国, 法国人思想逐步得以解放。法国启蒙运动催生了法国大革命, 第一共和国 (1799~1804 年) 成立, 由拿破仑·波拿巴担任第一执政。随后拿破仑建立法兰西第一帝国 (1804~1815 年), 通过战争征服欧洲大陆, 建立庞大的帝国体系。这是法国历史上最辉煌的时期。同时, 拿破仑政府扶植以科学研究为基础的工业发展, 为征服提供物质基础。这段时期, 全欧洲的科学家都蜂拥而来, 争相与拉瓦锡、居维叶和拉普拉斯合作。巴黎综合理工学院是世界领先的科研机构。这段时期也是法国科学史上最有创造力、最辉煌的时期。但是, 当拿破仑的势力退潮后, 社会动荡, 科学的领导地位随之转至德国, 化学工业也是在德国快速发展, 而不是在法国。法国科技经历了短暂的约 60 年的辉煌。尽管在 19 世纪还出现了微生物学家巴斯德、数学家庞加莱、物理学家居里夫妇等伟大科学家, 法国依然比不上宿敌德国。

(二) 缓慢工业化时期: 1820~1945 年

拿破仑·波拿巴的第一帝国崩溃以后, 法国社会经历多次政变与政权更替, 这让法国的工业革命并不如其他国家发展那么顺利。法国的小 (块) 土地所有制限制了机械化推广, 农地地租的金融化使得食利阶层对工业投资表现冷淡。法国工业资源缺少煤、铁, 这也不敌德国。诸多因素让法国的工业化进程缓慢。这进一步导致了工业对科技研发的疲软的需求, 难以拉动科技快速进步。

这一阶段, 法国的工业与科学是分离的。拿破仑·波拿巴在 1906~1811 年对高等教育重组时恢复了中央集权的结构, 并一直流传了下去。法国高等专业学院重视培养国家统治需要的专家、公务员、工程师和行业管理者, 缺乏科学研究精神的培育。他们传授给学生各种科学知识, 但不是科学方法。法国 19 世纪的技术优势在于土木工程, 但高等专业学院培养的是生产型工程师, 而不是研究型工程师。法国的大学生源与优秀教师资源被高等专业学院吸引走了, 大学科研条件难以保障。教授的科研配置也只是简陋的小型个体实验室。巴黎综合理工学院在波旁王朝复辟以后变成一所军事工程学院, 不再是科研中心。德国、美国在工业革命中出现的工业实验室，在法国几乎不存在。法国的优势工业只是表现在依赖于技术渐进式积累的行业，如汽车、喷气式飞机引擎等。

（三）二战后辉煌时期：1945~1975 年

经历缓慢的工业化以及两次世界大战的摧残，二战后的法国还是一个工业小国。农业人口占就业人口的40%。二战后的法国政府把有限的资金投在基础设施（煤、电、铁路、电信等）和房地产上，吸引农村 300 万的隐性失业人口进城务工，以战后重建的需求与城市化拉动经济发展。

二战后的法国政府迅速建立了一套以公共实验室为主体的科技发展的体制。建立能源部（CEA），管理核能的研发与生产；重组扩建国家科学研究中心（CNRS）；设立国家电信研究中心（CNET）、法国航空航天研究院（ONERA）、海外科学技术研究办公室（ORSTOM）、国立卫生研究所（INH）、国立农业研究所（INRA）等。这些机构中最有影响力的是核研究与生产的能源部，它使法国建立起包括核武器的核工业。能源部的中央研发实验室以及萨克来试验场（现代化实验室，而非工业实验室）的构建，开启了法国科研院所的转型。

国家战略科技力量构建起来，推动了法国以国有企业为主体的军事工业复合体的发展。法国恢复了大规模生产武器、导弹和军用飞机，组建空中客车公司，开发超音速和谐号飞机，在航空航天领域也打破了美国垄断。二战后的法国迅速地建立起国家自主的经济体系和国防安全体系。1961 年法国在国防部之下成立军械部代办局（DMA），后来改组为国防务采办局（DGA）。1962 年成立国家空间研究中心（CNES）。1959~1966 年重大核技术、航空和空间计划占公共研发支出的 65%。在国家科技建制基础上的军事工业联合体继续发展，代表着法国最强大的经济力量，培育出汤姆森、法国宇航、马特拉等高科技企业。

二战后的 30 年，是法国经济辉煌的 30 年。1945~1956 年法国 GDP 年增长率5.4%，工业增加值增长率5.8%。1957 年法国签署《罗马条约》，加入欧共体。关税大幅下降，让国内企业面临的竞争程度提升。法国技术密集型产品出口市场规模提升，出口结构优化。1956~1974 年法国 GDP 年增长率5.5%，工业增加值增长率7.8%。到 1975 年，法国成为领先于英国的工业大国，农业人口占就业人口不到 10%，但关键农产品产量翻了三番。

（四）衰退不景气时期：1975 年至今

20 世纪 70 年代的两次石油危机使西方各国普遍进入经济不景气时期。法国实行的紧缩性财政政策与货币政策让研发资金愈发紧缺。1978 年，巴尔政府消除价格管制，但部分产品的价格管制难以彻底消除。法国僵化的军事工业复合体对第三次信息技术革命难以适应。电子产品国际贸易逆差，不具有国际竞争优势。法国的"飞机、轮船、武器"，电子，汽车，"化学—制药"四大部门研发密集度较高，在 1997 年的出口额中占有 43% 的比重。法国国内民用技术的不足使其引进海外技术，购买国外专利，是一个"专利赤字"的国家，赤字净进口，而其中进口专利当中一半来自制药领域。法国工业在 20 世纪 70 年代以后出现设备老化、投资率不足等问题，工业衰退。1975 ~ 2000 年 GDP 年增长率为 2.1%，工业增加值增长率仅为 1.2%。2022 年，法国 GDP 在世界排在英国、印度之后。

三、法国科创系统演变历程的理论启示

（一）军事实力确保自主创新能力

法国在 18 世纪末 19 世纪初的科技辉煌，是在拿破仑政府强大的军事实力与财政扶持下取得的。二战后的戴高乐政府不顾英美的反对，发展核武器与航空航天技术，确保强大的军事实力，建立独立自主的国家主权与外交政策。强大的军事国防实力之下，国家才有独立的科技建制和自主创新能力。1964 年戴高乐领导的法国政府与中国全面建交，走在西方各大国之前。自主创新需要以国家主权的独立自主为前提。日本由于在军事上对美国的依附，导致在科技战中对美国的退让，解释了日本失去的三十年。

（二）市场机制确保灵敏反应能力

法国科技创新体系的突出特点是政府权力过度渗透到大学、产业、研究机构，甚至要素与产品市场。大学教授属于国家公务员，大学的预算受制于国家政府，而且大学对学生没有选拔权力，大学自主权是受限制的。法国大学教育以下的学生有 45% 仅完成了强制规定的学制，事实上的辍学率很高。普遍的劳动力素质低下造成科技传播的困难。高等专科学校培养的理科精英却在政府或者企业管理部门任职，没有真正实现科技人力资源的价值。大学与高等专科学校也是隔离的。

法国的工业军事化、国有化，协和式飞机等伟大工程过量地吸引了社会资

源。国有的军工联合体（通常是寡头垄断）非常容易产生设租寻租行为，导致资源配置失效。法国的研究机构是以政府实验室为主，部分的私有化难以掩盖研究机构的官办特色。公共研究机构的研究员实行"终身研究"原则，限制了科技工作者在私人研究机构与公共研究机构之间的流动。研究机构之间，或者研究机构内部，相互隔离，信息、人员极少流动。以军事技术为主的研发，由于军事技术的保密性，更是限制了技术流动。总的来说，法国科技创新体系由于政府和军事的过度渗透，导致信息、人员、科技的极少流动，这无疑降低了政府决策与市场决策的速度与正确度。市场失灵与政府失灵共存，法国的科创生态需要市场化的进一步改革，以提升其活力与竞争力。

四、结语

法国启蒙运动提出"自由、平等、博爱"的新思想，然而法国经常政治动荡，政治对法国的经济、社会都具有比较大的影响。拿破仑第一帝国强大的政治军事实力支持当时的科技中心建设。拿破仑第一帝国灭亡，波旁王朝复辟，然后是一个多世纪的不断政变，以及缓慢的工业化，缓慢的科技进步。戴高乐将军把军人的强势与军事工业带给法国人民，强大的军事科技支撑了法国独立自主的科技创新体系，但也潜藏了各种僵化体制问题，影响着后续的法国经济与科技创新的发展，迟迟未能消退。法国科技体制、经济体制都亟须进一步改革。

参考文献

［1］阎凤桥. 本-大卫对世界科学中心转移的制度分析［J］. 高等工程教育研究，2010（4）：73-81.

［2］理查德·R. 尼尔森. 国家（地区）创新体系：比较分析［M］. 曾国屏等译. 北京：知识产权出版社，2011.

［3］Kocka J. The Rise of Modern Industrial Enterprise in Germany［M］. Cambridge，MA：Harvard University Press，1980.

［4］夏钊. 20世纪前期德国诺贝尔奖的高产成因刍议［J］. 安徽大学学报（哲学社会科学版），2016（4）：22-28.

［5］Patel P.，Pavitt K. A Comparison of Technological Activities in West Germany and the United Kingdom［J］. National Stuttga Westminister Bank Quarterly

Review，1989（5）：27-42.

[6] 丁纯，李君扬．德国"工业4.0"：内容、动因与前景及其启示 [J]．德国研究，2014（4）：49-66.

[7] 潘教峰，刘益东，陈光华，等．世界科技中心转移的钻石模型——基于经济繁荣、思想解放、教育兴盛、政府支持、科技革命的历史分析与前瞻 [J]．中国科学院院刊，2019（1）：10-21.

[8] 刘云，陶斯宇．基础科学优势为创新发展注入新动力——英国成为世界科技强国之路 [J]．中国科学院院刊，2018（5）：484-492.

[9] 本·斯泰尔，戴维·维克托，理查德·内尔森．技术创新与经济绩效 [M]．上海：上海人民出版社，2006.

[10] 李凤新，刘磊，倪苹，等．中国产业专利密集度分析报告 [J]．科学观察，2015（3）：21-29.

[11] 国家知识产权局规划发展司．中国专利密集型产业主要统计数据报告（2015）[R]．2016.

[12] Gillispie C. C. Science and Polity in France at the End of the Old Regime [M]．Princeton：Princeton University Press，1980.

[13] 张云龙，马淑欣．论科技发展与人文精神的内在勾连——基于世界科学中心转移的视角 [J]．自然辩证法研究，2022（2）：86-92.

第五章 中国科创系统演变历程及其理论启示

第一节 引言

与欧美日发达资本主义国家不同，中国拥有悠久的历史，是现今唯一幸存的文明古国。中国在古代创造了辉煌的科技文明，但在近代却落后于西方工业化国家。中国古代农业社会处于稳固的大一统的封建建制统治之下，难以内生大规模的集聚工人力量的工业集群，尽管在明清时代的江南地区出现零星几个手工业古镇。中国现代意义上的科技进步是从西方引进的，大航海开启了东西方紧密交流的全球化，西学东渐与东学西渐都加大了规模与频率。西方大学学制传播到中国，科学研究方法也传播到中国，科学技术通过传教士、企业家、科学家、工程师、大学教授等也传播到中国，国人开始睁眼看世界。西方工业化国家迫使清朝皇室打开国门通商。近代中国工业化在半殖民地半封建状态下曲折进行。在民国政府时期，建立了不完整的工业技术体系。

新中国成立以后，中国学习苏联，建立起计划经济体制下的科研建制。计划经济下，经济政策多变，经济增长大起大落，与此相对应，科技活动也大起大落，"大跃进"是典型的大起，"文革"期间科研教育的停滞是典型的大落。新中国成立到改革开放之前，这段时期，我国完成了新民主主义阶段的社会主义改造，也在艰难地摸索着社会主义建设的道路。科技进步在"集中力量办大事"的举国优势下，在若干点上取得科技突破，主要是在国防领域的"两弹一星"，确保了我国国防安全与主权完整。在青蒿素提取、人工合成牛胰岛素、培育杂交水稻等事关百姓健康与温饱问题上也取得重大突破，但这也只是星星之火，难以在面上铺开。

1978 年，党的十一届三中全会完成了拨乱反正，开启改革开放的社会主义现代化建设，我国迎来了经济、科学的春天。改革首先从农村开始，此次改革是星星之火，可以燎原。改革从农村到城市，从农业到工业，从经济领域到科技领域。改革系统地、渐进地推进，"摸着石头过河"。1992 年邓小平同志南方谈话以后，党的十四大明确社会主义市场经济体制的改革方向，经济改革以及与之相适应的科技体制改革向纵深发展。2001 年我国加入 WTO 以后，经济贸易、科技教育更加全球化，走出一条独特的中国特色的开放式自主创新的科技强国之路。

第二节　李约瑟之谜（1949 年以前）

黄河、长江流域肥沃的土壤、充沛的水源养育了中华民族。中国自古以来就是大一统的多民族国家。中国三方有高原或高山防护外族入侵，东面临海且海岸线绵长，如此形成的半封闭、半开放的地理空间有利于多民族的融合与国家安稳。中国有利的农业发展条件养育了众多的人口。众多的人口有更多的信息回路，又有利于农业技术进步。在我国发达的小农经济基础上，自秦朝起，中国创立了"建郡置县"的封建统治制度，以及在此衍生的有利于大一统的儒家文化、科举制度，提供布政、治水、国防、市易等服务。中国建置经济比无产品市场的、基层领主权力过大的西欧分封式庄园经济更能促进科技进步。因此，在中国古代大约 2~15 世纪，中国的经济总量与科技水平都在世界上领先。到宋朝，生产力水平处于历史的最高点。

中国前现代时期的科技以实用为导向，在农学、医学、天文学、数学四大领域著作颇丰。技术发明广布在农业与手工业，以汉代的造纸术，隋唐代的印刷术、火药，北宋的指南针四大发明为代表。公元 401~1000 年，中国重大发明 32 项，占全世界的 71%。中国以家庭为单位的农业与手工业紧密结合在一起，形成封闭的自给自足的自然经济，自然经济不利于技术传播与扩散。因此，中国古代发达的科技并没有提升人均 GDP。在中西大分流之前，中西人均 GDP 接近。中国古代很高的人地比例导致农地投资比工业投资有更高的回报，资金更多流向农业。分散的小农经济也更有利于中央集权的封建统一，得到封建王朝的支持。工业化在以小农经济为主体的自然经济体中，很难内生。明朝后期江南地区出现雇佣性质的手工工场，但没扩散。清朝"康乾盛世"实行"摊丁入亩"的政策，使人口数量急剧上升，中国经济陷入低水平循环的"马尔萨斯陷阱"，生产力倒退。明朝后期的资本主义工业的萌芽被扼杀。清朝的中国还是传统的小农社会。

中国古代丝绸、茶叶、瓷器等精美商品通过"丝绸之路"输向国外。以四大发明为代表的技术通过战俘或者阿拉伯商人传播到欧洲，火药摧毁了贵族统治，资产阶级夺权，造纸与印刷术为文艺复兴的知识传播提供了必要的途径，指南针让西欧小国开启了大航海时代，为资本家带来全球廉价原料、劳动力与货币。这些为资本主义工业革命、科学革命创造了水到渠成的各项条件。1800 年后，欧洲人均 GDP 急剧攀升，中西方大分流开始。欧洲工业化国家凭借上升的国力，通过新航线开始侵扰明清朝代的中国。中国开始实行"自主限关"的外交政策，抵制国外的科技引进。有限开放的科创系统进一步拉开中西方科技差距。李约瑟之谜通常向中国求解，忽略了西方国家的崛起。事实上，中国近代科技落后于西方，是因为工业革命与科技革命后西方的生产力快速进步，而显得中国落后了。中国在大一统的稳固的封建统治下，难以内生工业革命与科技革命。如果没有大航海后的西方列强侵华，古代中国也许就在低水平的"马尔萨斯陷阱"循环而已。

鸦片战争开启了中国近代史。这也是一段古代中国开始链接全球化的历史。清政府被迫开放沿海、沿江口岸。外资工业进驻，初期（1840~1860 年）以电力、造船、面粉等产业资本为主。1861 年洋务运动兴起，官办企业引进外国技术，修建船舶，制造军火、机器设备。江南制造局、福州船政堂等是主要企业。1894 年，北洋海军在甲午战争战败，标志着洋务运动结束。甲午战争后，清政府加大铁路修筑投入，部分口岸与工业企业设立在东北、华北、长三角等地区铁路沿线。1895~1916 年新建企业 1084 家，其中 81% 为民营企业。以轻工业为主的民营工业继续推进近代工业化。民国政府期间，民营企业发展条件较为宽松，中国工业生产指数从 1913 年的 15.6 上升到 1936 年的 122。1937 年全面抗战爆发，以西南为中心的后方国有重工业快速发展。近代中国的轻重工业体系及其技术体系，在新中国成立之前得以构建，不是太完整且是从西方曲折地移植而来的。近代百年的中国工业化，也是一个被动开放的工业技术体系建设的过程。

近代西方科学比技术更早传播到东方。16世纪下半叶，大航海给中国送来了欧洲传教士，他们成了"西学东渐""东学西渐"的传播桥梁。数学译著《几何原本》、新历法《崇祯历书》（欧洲体系）都是传教士的代表作。1862年，清政府的洋务派成立京师同文馆，之后陆续在全国开设类似的洋务学堂，至1895年共26所。甲午战争失败后，1895年，中国第一所近代大学中西学学堂（现天津大学）成立，模仿美国学模式，学制四年。1898年，在"维新运动"推动下京师大学堂（现北京大学）成立，模仿日本模式，是中国第一所国立大学。1902年，清政府制定《钦定学堂章程》（《壬寅学制》）；1904年制定并颁行《奏定学堂章程》《癸卯学制》；1905年废除科举制度。1912年、1913年民国政府制定公布《壬子癸丑学制》；1922年通过《壬戌学制》。在对美国、日本、德国、法国等"早发内生型"大学教育先行国家的学制学习、模仿、移植的基础上，经过清末民初一系列"学制改革"，"后发外生型"的中国近代高等教育制度逐渐构建完善，大量留学生回国提升大学教育质量，中国大学的国际论文发表数量从1923年骤增，发文数量从1922年全球第10位跃升至1936年的全球第6位。进入全面抗战以后，中国大学教育与科研遭到破坏，但也有华罗庚、陈省身、王淦昌、吴大猷、费孝通等科学家在艰苦时期取得卓越成绩。在科学建制方面，1913年，詹天佑成立中华工程师会。1914年，留美学者创立中国科学社。1928年，国民政府设立中央研究院，次年设立北平研究院，现代科学在中国建制化。

中国近代是国人受辱，但同时也在逐渐清醒、睁眼看世界、奋力自强的百年。近代国人废除了中央集权的封建统治制度与科举制度；告别了小农经济，近代工业化取得显著成绩，企业制度与产权制度逐步建立；开始融入全球化，吸收国外先进科技知识与制度文明，构建起近现代的大学制度与研究制度。企业、大学、政府研究机构等科创主体逐渐确立。近现代意义上的科创系统雏形渐露。

第三节　向科学进军（1949~1978 年）

新中国成立开启了中国科创事业的新篇章。1949 年 11 月，中国科学院成立。1955 年 6 月，中科院学部成立，中科院成为独立的学术领导机构。1956 年 1 月，周恩来提出"向科学进军"的口号。1956 年 3 月，国务院成立科学规划委员会，12 月，完成《1956-1967 年科学技术发展远景规划纲要》编制工作。1956 年后，国家各类科研机构也相继成立：原子能委员会（1956 年）、中国医学科学院（1956 年）、中国农业科学院（1957 年）、中国科协（1958 年）、国防科委（1958 年）等。1952~1957 年，全国范围的高校进行了院系调整，增加了工科院系。部分沿海高校迁往内地。高校办学从美国模式的综合型大学转向苏联模式的工业大学。1958 年，科学规划委员会改组为国家科学技术委员会，国家科委成为我国的科技管理部门。至此，社会主义的现代化科学建制基本形成。"中科院、高校、国防科研机构、中央各部委科研机构与地方科研机构"成为科研"五路大军"。

新中国成立初期的科创体系是参照苏联计划经济模式构建的。"一五"计划（1953~1957 年）期间，我国从苏联与东欧社会主义国家大量引进工业技术与专家顾问，实施"156 工程"，初步构建起相对完整的工业体系与国防技术体系。"举国体制"有利于"集中力量办大事"，在推进大科学研究上取得举世瞩目的成绩：1960 年发射"东风一号"近程导弹；1964 年引爆原子弹；1966 年发射"东风二号"装有核弹头的地地导弹；1967 年试爆氢弹；1970 年发射"东方红一号"卫星。新中国成立后至改革开放前，我国科技进步重点体现在国防科技与重工业领域，服从国家安全的战略需要。在生物、化学领域也取得卓越成绩：1959 年，石油部和地质部发现大庆油田；1965 年，中科院上海生化所人工合成牛胰岛素；1972 年，屠呦呦成功提取青蒿素；1973 年，袁隆平成功培育杂交水稻，等等。

然而，作为新生事物，自封闭的垂直管理的科研体系存在诸多不足：第一，信息流通障碍。条（中央政府及各部委）块（地方政府）分割的管理架构下，"五路大军"之间的信息流通是受限制的。通过知识交流、头脑碰撞衍生出新的知识很难。由于缺乏技术交易市场与完善的产品市场，以产定销，企业之间、企业与消费者之间的信息交流也是极其有限的。第二，科技传播力度小。由于信息流通受限，科技向生产力的转化也是受限的。技术引进、消化吸收与再创新等各环节之间存在断层。"举国体制"在若干重点上突破以后，很难在面上推广。军民技术转化也存在各种障碍。第三，科创主体激励不足。由于缺乏知识产权保护制度与现代企业制度，科创主体没有剩余索取权，没有足够的动力去创新。科研主体主要是科研院所与高校，企业创新投入少。第四，科研指令纠错成本高。科学研究是一项面向未知的一种自由探索的风险活动。政府科研管理部门是有限理性的，高度集权的计划指令可能是错误的，但科创主体必须执行，错误在系统中被放大，纠错成本过高。"大跃进"造成全国铺张的质量低下的"科学网""文化大革命"造成的科技活动停滞，都是社会主义建设探索过程中的沉淀成本。政府决策容易造成经济的大起大落（见图5-1）。第五，难与全球科创系统接轨。由于市场经济的缺失，国内的科技引进受制于国际外交关系。在中苏关系交恶以后，我国国际技术引进转向日美欧。1972年，中美关系正常化。中国与西方大国逐渐建立外交关系，但是经济体制的差异使得国际技术传播渠道难以通畅。

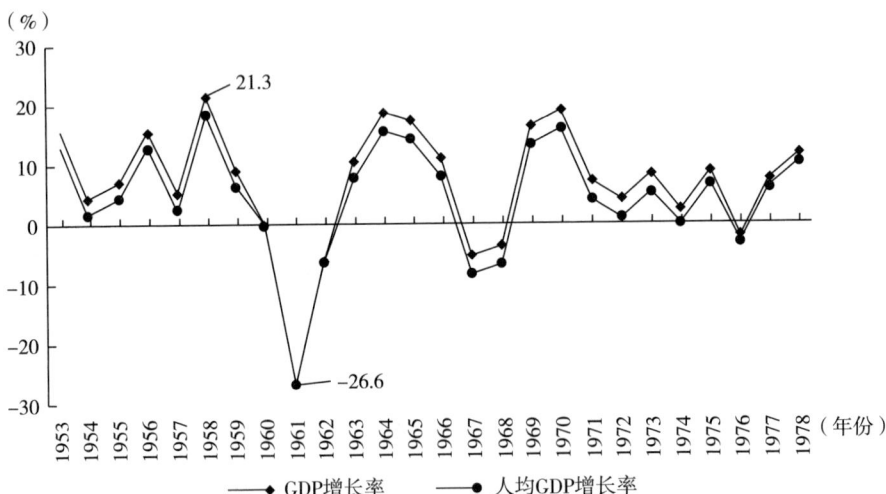

图5-1　中国GDP增长率与人均GDP增长率（1953~1978年）

资料来源：《中国统计年鉴1999》。

庆幸的是，党和国家充分认识到与计划经济相适应的科研体系的诸多不足，在 1978 年以后，我国展开了波澜壮阔的改革开放的社会主义建设新事业，迎来了"科学的春天"。

第四节　科学的春天（1978 年以后）

一、改革开放后科创系统演变的历程

（一）科学技术是第一生产力阶段（1978~1992 年）

1978 年 3 月，邓小平在全国科学大会上致辞，提出"科学技术是生产力""四个现代化，关键是科学技术的现代化"等思想。大会通过国家科委组织制定的《1978-1985 年全国科学技术发展规划纲要》。"我们民族历史上最灿烂的科学的春天到来了。"大会前后，国家科委、中国科学院、中国科协、各地科研机构陆续恢复重建或新建。1977 年底，恢复高考。1978 年底，第一批留学人员赴美。同年，法国、德国、意大利、英国相继与我国签订政府间科技合作协定。1979 年 1 月，《中美科技合作协定》签订，开放式创新系统雏形显露。1982 年 10 月，全国科学技术奖励大会提出"经济建设要依靠科学技术，科学技术工作要面向经济建设"的战略指导方针。1982 年 8 月，《商标法》实施。1982 年 11 月，《"六五"国家科技攻关计划》实施。它是我国第一个被纳入国民经济与社会发展规划的国家指令性科技计划。1977~1984 年，国家科委等部门陆续制定管理科技工作的政策、法律、法规达 50 多个，使我国科技事业在短时间内恢复重建。

跟随、配合 1984 年发布的《中共中央关于经济体制改革的决定》，1985 年 3 月，《中共中央关于科学技术体制改革的决定》发布，我国科技体制改革全面地、有组织地展开了。首先是扩大科研机构自主权。政研分开，鼓励研究、教育、设计与生产等各环节上的单位联合；鼓励技术开发型科研机构入驻企业。其次是提升科研人员的积极性、主动性。实行专业技术职务聘任制，打破用人终身制；开放第二职业劳务市场，利用剩余科研能力。1985 年 4 月，《专利法》实施。1985 年 5 月，首届全国技术成果交易会在北京举办，标志着我国技术市场形成。1986 年 1 月，《关于科学技术拨款管理的暂行规定》提出，对技术开发型机构实行技术合同制，支持它向科研生产经营一体化发展。1987 年 1 月，《关于进一步推进科技体制改革的若干规定》提出，科研机构实行所长负责制。1987 年 6 月，《技术合同法》出台，它是我国科技成果商品化的基本法律。1988 年 5 月，《关于深化科技体制改革若干问题的决定》提出，科研机构引入竞争机制，推行承包经营责任制。通过系统的、渐进的科技体制改革，我国培养有活力的微观的科创主体，逐渐形成科技与经济紧密结合的科创系统，并迸发出巨大的生命力。

1983 年，美国提出"星球大战"计划。随后，日本出台"科技振兴基本国策"、西欧 17 国联合签署"尤里卡计划"、苏联与东欧集团发布"科技进步综合纲领"。国家根据世界科技发展形势，集中有限科技力量在重点领域优先突破。1986 年，我国实施"863 计划"——我国改革开放后首个国家高技术发展计划。同年，国务院成立国家自然科学基金委员会；国家科委组织实施科技兴农的"星火计划"。1987 年，农业部、财政部实施"丰收计划"。1988 年，国家科委实施发展高新技术产业、建立高新技术产业开发区的"火炬计划"。一系列科技计划的实施，培养了科技人才，构建了科技基础设施，初步形成了我国战略科技力量的布局与科技网络。

（二）科教兴国阶段（1992~2006 年）

1992 年 1~2 月，邓小平南方谈话为改革开放进一步指明了方向。1992 年 8 月，《关于分流人才、调整结构、进一步深化科技体制改革的若干意见》提出，"稳住一头、放开一片"的科技体制改革线路。"稳住一头"就是稳住基础研究力量与事关国家安全、国家战略的重大科技攻关力量。"放开一片"就是放开、放活技术开发机构与科技服务机构，推动它们由事业法人转为企业法人，面向市场开展研发活动。1992 年 10 月，党的十四大确立了社会主义市场经济体制的改革目标。1993 年 7 月，指导我国科技现代化建设的纲领性、基础性立法《科学技术进步法》颁布。1994 年 2 月，《适应社会主义市场经济发展、深化科技体制改革实施要点》指出，科技体制改革需要适应社会主义市场经济发展。1995 年 5 月，《关于加速科学技术进步的决定》提出，科教兴国战略，指明经济建设需要依靠科技进步和劳动者素质提升。1996 年 9 月，《关于"九五"期间深化科学技术体制改革的决定》提出，科研机构改革尤其是中央部门属科研机构改革，是科技体制改革的重点；目标是建立以企业为主体、产学研相结合的技术开发体系和以科研机构、高等学校为主的科学研究体系及社会化的科技服务体系。市场经济是法制经济。管理科技活动的一系列法律、法规相继通过全国人大常委会审议：《反不正当竞争法》（1993 年）、《教育法》（1995 年）、《促进科技成果转化法》（1996 年）、《合同法》（1999年）、《科学技术普及法》（2002 年），等等。政府通过自上而下的制度设计，逐渐把市场机制融入到科创系统里面，科技与经济日益一体化。

政府在实施重大科技工程、科技计划，培养科技人才方面，也是成绩斐然。1996 年，国家技术创新工程实施，推动企业技术创新中心建立。1997 年，基础研究计划"973 计划"提出。1998 年 3 月，国家科委更名为科技部，科技部调整"十五"期间国家科技计划体系，形成"3+2"新型科技计划管理体系（见表 5-1）。1998 年 6 月，中国科学院的知识创新工程启动。在科技人才培养方面：1993 年，中国科学院学部委员改组为中国科学院院士。1994 年，中国工程院成立；同年，"国家杰出青年科学基金"成立；中科院启动"百人计划"；人事部实施"百千万人工程"。1995 年，"211"工程启动。1998 年，"长江学者奖励计划"启动。1999 年，"985 工程"启动。1999 年，《国家科学技术奖励条例》实施。2000 年，国家最高科学技术奖设立。我国崇尚科技、教育的文化氛围日益浓厚。

表 5-1 "3+2"新型科技计划管理体系

主体科技计划	科研环境建设计划
国家科技攻关计划	研究开发条件建设计划
"863 计划"	科技产业化环境建设计划
"973 计划"	

政府在推动国际合作，建设开放型科创体系上也是不遗余力。1993 年，《赋予科研院所科技产品进出口权暂行办法》赋予首批 100 家科研院所外贸经营权。1994 年，《关于加快科技成果转化、优化外贸出口商品结构的若干意见》允许国家级高新区设立有外贸权的公司。1999 年，外经贸部与科技部联合制定《科技兴贸行动计划纲要》，共同实施科技兴贸战略。2000 年，我国第一个国际合作纲要《"十五"期间国际科技合作发展纲要》发布。2001 年，我国第一个国际科技合作平台"国际科技合作重点项目计划"启动。2001 年

12 月，我国加入世界贸易组织。与此相对应，科技部实施提升国际竞争力的人才、专利、技术标准三大战略。向海外招聘学术带头人，推动留学人员归国；加快专利审批速度；制定既符合 WTO 规则又能保护本国利益的技术标准，推动我国贸易强国建设。

（三）自主创新阶段（2006~2013 年）

加入 WTO 以后，我国加快融入世界贸易体系，自主创新能力越发重要。2006 年 1 月，全国科学技术大会发布《国家中长期科学和技术发展规划纲要（2006-2020 年）》，号召全国人民走中国特色自主创新道路，建设创新型国家。纲要提出"自主创新，重点跨越，支撑发展，引领未来"的 16 字科技工作指导方针。"自主创新"就是加强原始创新、集成创新与在引进、消化、吸收基础上的二次创新。"重点跨越"就是选择具有基础和优势、事关国家利益的重点领域跨越式发展。"支撑发展"就是关键共性技术需要支撑社会经济协调发展。"引领未来"就是超前部署前沿技术、未来产业，引领未来社会经济发展。

政府大力推动企业作为技术创新主体的地位形成。自 2006 年起，国家启动企业技术中心认定工作。同年 1 月，《"技术创新引导工程"实施方案》提出，开展创新型企业试点，构建产业技术创新战略联盟。4 月，《创新型企业试点工作实施方案》出台。2007 年 6 月，产业技术创新战略联盟试点工作启动。2008 年 4 月，《高新技术企业认定管理办法》发布。同年 7 月，《科学技术进步法》新修订多项条款，支持企业增加研发经费。12 月，《关于推动产业技术创新战略联盟构建的指导意见》出台。2009 年 7 月，《国家技术创新工程总体实施方案》发布。截至 2012 年，我国共认定 887 个国家级企业技术中心，构建 91 个产业技术创新战略联盟。"十二五"期间，我国科技计划体系整合形成重大专项与基本计划两类国家科技计划，以点带面提升国家自主创新能力（见表 5-2）。高等院校继续实施"211 工程""985 工程"。科研院所继续企业改制。2012 年，高等院校、科研院所分别占全国基础研究人员全时当量的 62%、29%，成为基础研究的主导力量。通过政府一系列的政策扶持，以企业为主体的技术创新体系，以高等院校、科研院为主体的知识创新体系逐渐形成。

表 5-2　"十二五"国家科技计划

重大专项	基本计划
重大专项 1、重大专项 2……	"973 计划"、"863 计划"、国家科技支撑计划、政策引导类计划、国家国际科技合作专项、其他专项

2007 年，党的十七大报告明确提出"人才强国战略""知识产权战略"。2007 年 2 月，《关于建立海外高层次留学人才回国工作绿色通道的意见》强调，为海归人才提供便利。2008 年 4 月，《国家知识产权战略纲要》提出，到 2020 年建成知识产权的高水平国家。2010 年 6 月，《国家中长期人才发展规划纲要（2010-2020 年）》强调，以高层次创新型科技人才为重点，培养一批世界水平的科技人才。同年同月，教育部启动"卓越工程师教育培养计划"。2010 年 7 月，《国家中长期教育改革和发展规划纲要（2010-2020 年）》提出，到 2020 年，基本实现教育现代化，我国进入人力资源强国行列。2011 年 10 月，《创新人才推进计划实施方案》启动。2012 年 8 月，"国家高层次人才特殊支持计划"（"万人计划"）实施。2012 年 9 月，《外国人在中国永久居留享有相关待遇的办法》降低海外人才获得中国"绿卡"的条件，集聚全球科技人才。

在开放式创新方面，我国与外国的科技合作越加紧密。2006 年，《"十一五"国际科技合作实施纲要》发布；2011 年，《国际科技合作"十二五"专项规划》发布，指导我国国际科技合作不断取得创新：设立科技合作基金；成立国家级国际联合研究中心；设立国际科技合作产业化基地；建设国际创新园；建立长期科学战略联盟，等等。我国还积极参与并牵头组织若干世界前沿的国际重大科技计划和大科学工程。例如，2007 年牵头启动中医药国际合作科技计划、叮冉生能源与新能源国际合作计划。中美、中欧、中日韩科技合作协定陆续续签。我国逐渐形成较为完整的国际科创网络。

（四）创新驱动发展阶段（2013 年以后）

2013 年 9 月，习近平总书记在中共中央政治局第九次集体学习中强调，实施创新驱动战略要抓好顶层设计。2014 年 8 月，中央财经领导小组第七次会议研究实施创新驱动战略的整体部署问题。2016 年 5 月，党中央、国务院发布《国家创新驱动发展战略纲要》。纲要提出"三步走"战略目标：第一步是到 2020 年进入创新型国家行列；第二步是到 2030 年跻身创新型国家前列；第三步是到 2050 年建成世界科技创新强国，世界主要科学中心和创新高地。政府各部门渐进式地、系统地采取各项科创政策，自上而下推动我国进入创新驱动发展阶段。

科研管理体制改革往纵深发展，科技体制改革更加系统化、协同化。2014 年 12 月，国务院印发《关于深化中央财政科技计划（专项、基金等）管理改革的方案》。方案对国家科技计划进行优化管理，整合形成新五类科技计划：国家自然科学基金、国家科技重大专项、国家重点研发计划、技术创新引导专项（基金）、基地和人才专项。其中，国家重点研发计划是在整合"973计划"、"863计划"、国家科技支撑计划、国际科技合作与交流专项、产业技术研究与开发资金、公益行业科研专项基础上设立的。2015年3月，《中共中央国务院关于深化体制机制改革加快实施创新驱动发展战略的若干意见》发布。同年4月，国家科技计划（专项、基金等）管理部际联席会议制度建立。"一个制度（部际联席会议制度）、三个支柱、一套系统（国家科技管理信息系统）"的国家科技管理平台，保证了科研管理信息在部门之间的充分自由流动。同年8月，《深化科技体制改革实施方案》发布，推动政府职能从面向科研单位、聚焦研发环节的"研发管理职能"向面向各创新主体的、全产业链创新的"创新服务职能"转变。

我国政府陆续发布一系列政策，巩固企业在科创系统的主体地位。2013年2月，国务院印发《关于强化企业技术创新主体地位全面提升企业创新能力的意见》。2017年5月，科技部发布《"十三五"国家技术创新工程规划》，大力培育创新型领军企业，建设国家技术创新中心，发展产业技术创新战略联盟。2018年，《关于进一步推进中央企业创新发展的意见》《关于推动民营企业创新发展的指导意见》《国家开发银行支持科技创新发展工作的意见》《关于推进开发性金融支持重大科技创新项目实施有关工作的通知》等一系列政策相继出台。以企业为主体、以市场为导向、产学研相结合的技术创新体系进一步完善。

高校和科研院所的体制改革往纵深发展。从2012年起，高等学校创新能力提升计划（以下简称"2011计划"）实施，形成国家、地方、高校三级协同创新中心建设。2015年8月，《统筹推进世界一流大学和一流学科建设总体方案》把"211工程""985工程""优势学科创新平台"等纳入世界一流大学和一流学科的"双一流建设"。2016年3月，《关于深化人才发展体制机制改革的意见》提出，深入实施人才优先发展战略。2018年9月，《教育部等六部门关于实施基础学科拔尖学生培养计划2.0的意见》（以下简称"珠峰计划"）发布。同年10月，《关于加快建设发展新工科实施卓越工程师教育培养计划2.0的意见》发布。回应钱学森之问，两个计划旨在培养基础科学与工程学的顶尖人才。

政府扩大科研机构和科研人员的自主权。2016 年 7 月，《关于进一步完善中央财政科研项目资金管理等政策的若干意见》进一步在财务报销方面简政放权。2017 年，《扩大高校和科研院所自主权，赋予创新领军人才更大人财物支配权、技术路线决策权试点工作方案》发布。2018 年 7 月，《关于优化科研管理提升科研绩效若干措施的通知》发布。2018 年 12 月，《关于抓好赋予科研机构和人员更大自主权有关文件贯彻落实工作的通知》发布。通过一系列政策的推进落实，科研机构与科研人员的自主探索能力与探索意愿不断提升。

我国科创系统更加紧密地融入全球科创系统。2018 年，原科技部与原国家外国专家局整合，重组科技部。截至 2019 年，科技部驻外机构分布在世界上 53 个国家，共有 80 个驻外使领馆、团。我国开启了十大创新对话机制，建立了七大科技伙伴关系，参加 1000 多个国际组织，积极参与国际大科学计划和大科学工程。2014 年国合项目被整合到国家重点研发计划，通过国合基地建设集聚国合项目与人才。2015 年《关于进一步完善外国专家短期来华相关办理程序的通知》、2017 年《关于全面实施外国人来华工作许可制度的通知》、2018 年《外国人才签证制度实施办法》，一系列政策措施使外国人才来华工作更加便捷。

二、改革开放后科创系统演变的数据特征

（一）研发投入

改革开放后，我国经济增长更加快速和稳健，增长率波动更小，而且再也没有出现改革开放前的经济负增长情况（见图 5-2）。1984 年，《中共中央关于经济体制改革的决定》发布，企业自主权扩大，技术改造、引进步伐加快，当年经济增长率达到 15.2%。1985 年，科技体制改革全面展开，为经济不断添加科技动力。1992 年邓小平同志南方谈话，党的十四大确立社会主义市场经济的体制改革方向，固定资产投资加速：1992 年固定资产投资增长 44%，1993 年增长 62%，达到历史峰值。2001 年我国加入 WTO 以后，出口增长拉动经济增长率上升，至 2007 年金融危机爆发前达到增长率 14.2%。2010 年我国 GDP 超越日本，成为世界上第二大经济体。2020 年新冠疫情导致经济增长率下降至 2.3%。

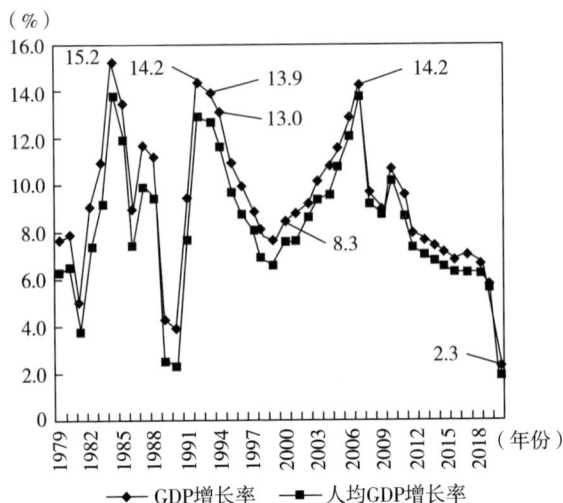

图 5-2　中国 GDP 与人均 GDP 增长率（1979~2020 年）

资料来源：《中国统计年鉴 2021》。

　　我国快速而稳健的经济增长为全社会研发经费投入提供了稳定的资金来源。而且，一直以来，全国研究与试验发展经费内部支出现价增长率比 GDP 增长率更高（见图 5-3），这使得我国全社会的研发强度逐年提升。R&D 经费内部支出与 GDP 比例从 1992 年的 0.60% 上升到 2020 年的 2.40%。虽然离《国家创新驱动发展战略规划纲要》提出的 2020 年 2.5% 的目标差 0.1%，但这很大程度上是因为受当年暴发的新冠肺炎疫情影响。我国科技体制改革主线是推动科研院所向企业改制，推动科研院所面向市场寻找资金来源，帮助企业解决实际技术问题，减轻政府对科研活动的财政事业划拨。因此，政府资金在 R&D 经费内部支出比重趋于下降：从 2004 年的 26.63% 下降到 2020 年的 19.78%。企业提供的 R&D 经费内部支出占比趋于上升：从 2004 年的 65.67% 上升到 2020 年的 77.46%（见图 5-4）。

　　在研究与试验发展经费的使用上，研发主体从研究与开发机构、高等学校向企业转变。企业在使用研究与试验发展经费内部支出比重趋于上升（见图 5-5）：从 2000 年的 59.96% 上升到 2020 年的 76.55%。研究与开发机构占比从 1995 年的 41.99% 下降到 2020 年的 13.97%，高等学校所占比重从 1995 年的 12.13% 下降到 2020 年的 7.72%。我国科技与经济结合，面向市场，用科技解决老百姓对美好生活向往的需求的中国特色自主创新的科创体系逐渐形成。

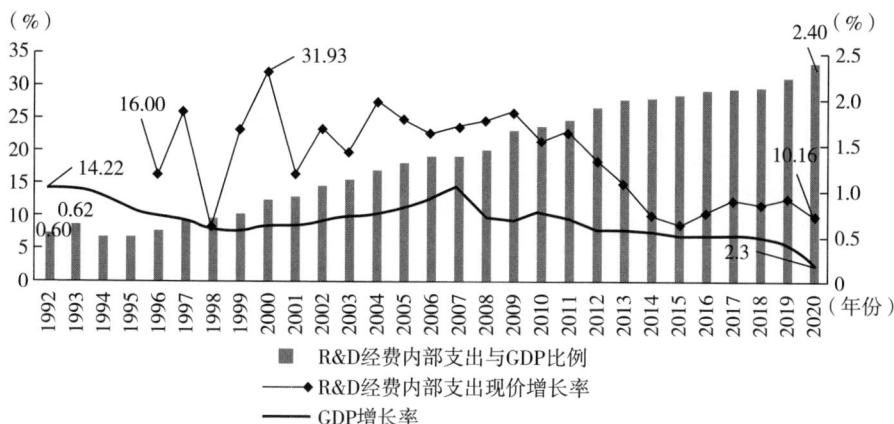

图 5-3　全国 R&D 经费内部支出现价增长率与国内生产总值增长率的比较

资料来源：《中国科技统计年鉴 2021》。

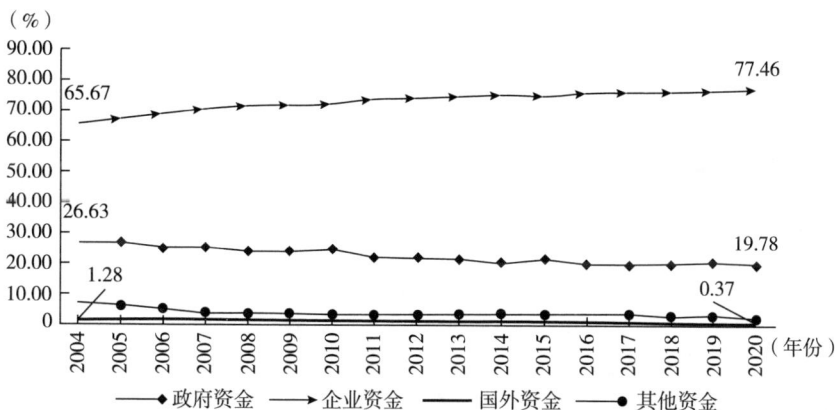

图 5-4　按资金来源分组的研究与试验发展（R&D）经费内部支出比重

资料来源：《中国科技统计年鉴 2021》。

我国政府一直自上而下地推动企业成为科创主体。尤其是在 2006 年 1 月《"技术创新引导工程"实施方案》印发以后，成体系的政策法规相继推出。在规模以上工业企业中，开展 R&D 活动的企业占比逐年上升（见图 5-6）。2004 年，只有 6.2% 的规上企业开展研发活动。到 2020 年，已经有 36.7% 的规上企业开展研发。规上企业获取技术的方式原来以引进国外技术为主（见

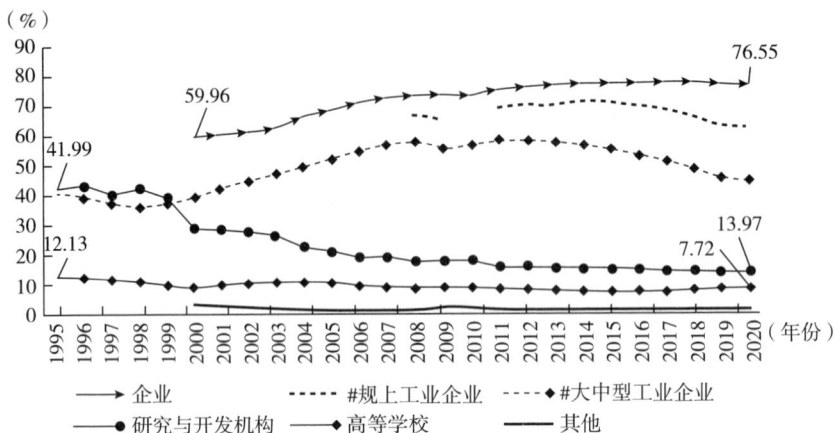

图 5-5 按执行部门分组的研究与试验发展经费内部支出比重

资料来源:《中国科技统计年鉴 2021》。

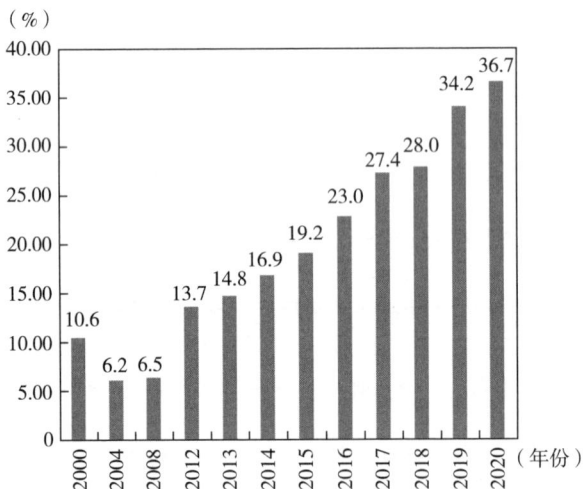

图 5-6 规模以上工业企业有 R&D 活动企业所占比重

资料来源:《中国科技统计年鉴 2021》。

图 5-7):2000 年,84.2%的规上企业获取技术的经费支出是引进国外技术的经费支出。随着国内企业自主研发投入的增加,以及国内技术市场的发展,引

进国外技术的重要性趋于下降，到 2020 年，引进国外技术的占比下降到 46.4%，而购买国内技术经费支出趋于上涨，占比从 2000 年的 9.5% 上升到 2020 年的 46.0%。引进技术消化吸收在获取外部技术经费中的比重从 2000 年的 6.3% 轻微上升到 2020 年的 7.6%，重要性轻微上升。表 5-3 显示，2020 年购买国内技术经费支出比 2000 年增长 1224.2%，增幅远超其他的技术经费支出。2020 年技术改造经费支出比 2000 年增长 172.3%，历年来一直是规上企业技术进步的最重要的经费投入。

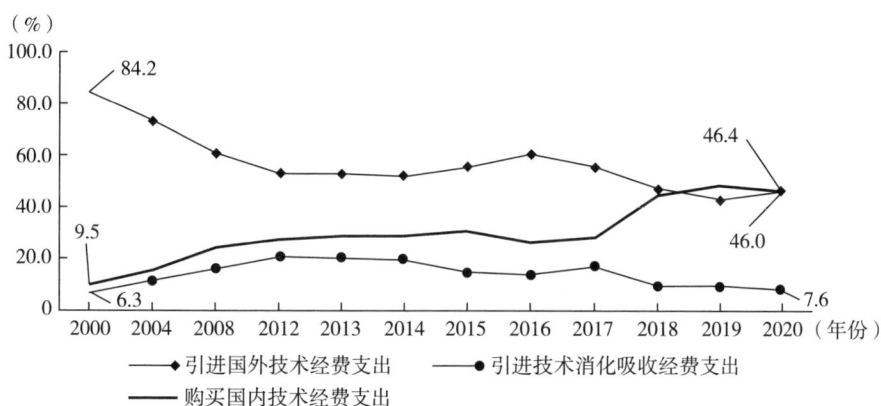

图 5-7　规模以上工业企业技术获取方式构成

资料来源：《中国科技统计年鉴 2021》。

　　我国科技体制改革推动研发机构向企业改制。表 5-4 显示，2020 年研发机构数比 2013 年下降 14.8%；地方属研发机构数量下降 19.1%；中央属的微涨 2.8%，国家战略科技力量在增强。表 5-4 还显示，研发机构、高等学校的基础研究经费内部支出增长速度都超过应用研究和试验发展。2020 年研发机构基础研究经费内部支出比 2013 年增长 159.0%，超过同时期应用研究增长率的 106.2%、试验发展增长率的 69.3%。2020 年高等学校基础研究经费内部支出比 2013 年增长 135.6%，超过同时期应用研究增长率的 118.5%、试验发展增长率的 79.5%。我国以科研院所、高校为主体的科学知识创新体系，以企业为主体的产业技术创新体系逐渐形成。

表 5-3 规模以上工业企业的科技活动基本情况技术获取和技术改造情况

单位：亿元

年份 指标	2000	2004	2008	2012	2013	2014	2015	2016	2017	2018	2019	2020	2020 年比 2000 年增长率（%）
引进国外技术经费支出	304.9	397.4	466.9	393.9	393.9	387.5	414.1	475.4	399.3	465.3	476.7	460.0	50.8
引进技术消化吸收经费支出	22.8	61.2	122.7	156.8	150.6	143.2	108.4	109.2	118.5	91.0	96.8	75.6	231.3
购买国内技术经费支出	34.5	82.5	184.2	201.7	214.4	213.5	229.9	208.0	200.9	440.2	537.4	456.7	1224.2
技术改造经费支出	1291.5	2953.5	4672.7	4161.8	4072.1	3798.0	3147.6	3016.6	3103.4	3233.4	3740.2	3516.7	172.3

资料来源：《中国科技统计年鉴 2021》。

表5-4　研究与开发机构、规模以上工业企业科技活动基本情况

年份 指标	2013	2014	2015	2016	2017	2018	2019	2020	2020年比 2013年增 长率（%）
研究与开发机构基本情况									
机构数（个）	3651	3677	3650	3611	3547	3306	3217	3109	-14.8
#中央属	711	720	715	734	728	717	726	731	2.8
地方属	2940	2957	2935	2877	2819	2589	2491	2378	-19.1
R&D人员全时当量（万人年）	36.4	37.4	38.4	39.0	40.6	41.3	42.5	45.4	24.8
R&D经费内部支出（亿元）	1781.4	1926.2	2136.5	2260.2	2435.7	2698.4	3080.8	3408.8	91.4
#基础研究	221.6	258.9	295.3	337.4	384.4	423.8	510.3	573.9	159.0
应用研究	525.8	552.9	618.4	642.1	699.4	797.6	933.6	1084.5	106.2
试验发展	1034.0	1114.4	1222.8	1280.7	1351.9	1476.9	1636.9	1750.4	69.3
高等学校基本情况									
R&D机构（个）	9842	10632	11732	13062	14971	16280	18379	19988	103.1
R&D人员全时当量（万人年）	32.5	33.5	35.5	36.0	38.2	41.1	56.5	61.5	89.2
R&D经费内部支出（亿元）	856.7	898.1	998.6	1072.2	1266.0	1457.9	1796.6	1882.5	5119.7
#基础研究	307.6	328.6	391.0	432.5	531.1	589.9	722.2	724.8	135.6
应用研究	441.3	476.4	516.3	528.4	623.1	711.5	879.3	964.5	118.5
试验发展	107.8	93.1	91.3	111.4	111.8	156.5	195.1	193.5	79.5
企业基本情况									
有R&D活动企业数（个）	54832	63676	73570	86891	102218	104820	129198	146691	167.5
R&D人员全时当量（万人年）	249.4	264.2	263.8	270.2	273.6	298.1	315.2	346.0	38.8
R&D经费内部支出（亿元）	8318.4	9254.3	10013.9	10944.7	12013.0	12954.8	13971.1	15271.3	83.6

资料来源：《中国科技统计年鉴2021》。

　　但是，我国全社会的基础研究经费内部支出增长速度较慢（见图5-8）。全国基础研究经费内部支出占比从1995年的5.18%仅上升到2020年的

6.01%，应用研究经费内部支出占比从 1995 年的 26.39%下降到 2020 年的 11.30%，而试验与发展经费内部支出占比从 1995 年的 68.43%大幅上升到 2020 年的 82.68%。试验发展是运用基础研究、应用研究的科技知识，面向市场做产品升级、工艺升级、流程升级，它见效快，能快速提升生产力，但它不是源头创新，核心技术难以持续提升，而且容易受制于科技链条上游的基础研究、应用研究。

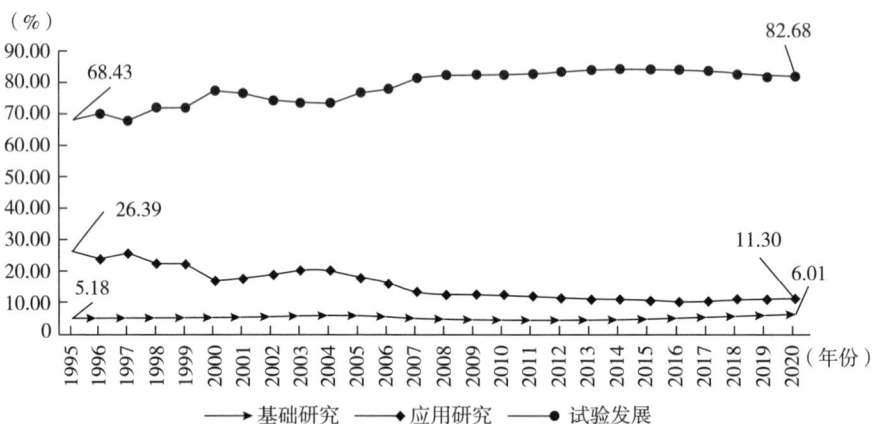

图 5-8　全国研究与试验发展经费内部支出构成

资料来源：《中国科技统计年鉴 2021》。

从国际上看，我国是科研投入第一大国（见表 5-5）。2020 年我国从事 R&D 活动人员为 5234.5 千人年，研究人员为 2281.1 千人年，远超其他大国。但是，每万人就业人员中从事 R&D 活动人员仅有 70 人年，又远低于其他大国。而且，我国基础研究 R&D 经费支出占比仅为 6.0%，又远低于其他国家。我国基础研究相对落后，缺乏具有世界影响力的重大科学发现与科学家。我国从科研大国走向科研强国之路还在前方延展。我国科研人员、研发资金主要集中在企业，占比接近 80%。这一点与日本、美国相似。经历了改革开放 40 多年的科技体制改革，我国科技与经济已经深深融合，科技与经济都取得了举世瞩目的成就。科技进步对经济增长的贡献率年年走高（见图 5-9）。从 2002～2007 年的 46.0%上升到 2015～2020 年的 60.2%，具有中国特色的创新驱动的科创体系在中国式现代化的进程中起着核心的作用。

表 5-5 研究与试验发展活动的国际比较

项目	中国	法国	德国	日本	英国	美国
一、R&D 人员						
1. 人力资源	2020 年	2019 年	2019 年	2019 年	2019 年	2018 年
从事 R&D 活动人员（千人年）	5234.5	463.7	735.6	903.4	486.1	
#研究人员	2281.1	314.1	450.7	681.8	317.5	155.5
每万人就业人员中从事 R&D 活动人员（人年）	70	163	163	130	148	
#研究人员	30	110	100	98	97	98
2. 从事 R&D 活动人员按执行部门分（%）						
企业部门	77.6	61.9	64.7	68.3	54.0	
政府部门	8.7	10.6	15.3	6.8	3.0	
高等教育部门	11.7	25.9	20.0	23.4	39.5	
其他部门	2.0	1.6		1.5	3.5	
二、R&D 经费						
1. 按经费来源分（%）	2020 年	2019 年	2019 年	2019 年	2018 年	2019 年
来源于企业资金	77.5	56.7	64.5	78.9	54.8	63.3
来源于政府资金	19.8	32.5	27.8	14.7	25.9	25.9
来源于其他资金	2.8	10.8	7.7	6.4	19.3	10.7
2. 按执行部门分（%）	2020 年	2019 年	2019 年	2019 年	2019 年	2019 年
企业部门	76.6	65.8	63.2	79.2	66.6	73.9
政府部门	14.0	12.4	12.6	7.8	6.6	9.9
高等教育部门	7.7	20.1	22.5	11.7	23.1	12.0
其他部门	1.8	1.7	1.7	1.4	3.7	4.2
3. 按研究类型分（%）	2020 年	2018 年		2019 年	2018 年	2019 年
基础研究	6.0	22.7		13.0	18.3	16.4
应用研究	11.3	41.3		19.4	42.1	19.0
试验发展	82.7	36.1		67.6	39.7	64.5

资料来源：《中国科技统计年鉴 2021》。

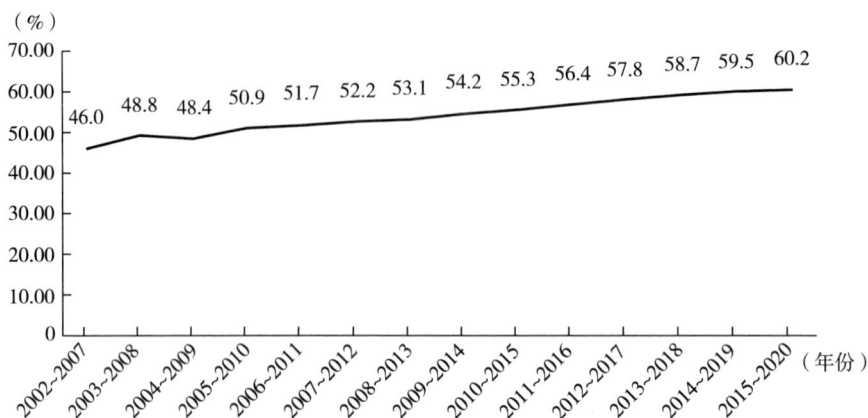

图 5-9　全国科技进步贡献率

资料来源：《中国科技统计年鉴 2021》。

（二）专利论文

我国对研发经费不断增加的投入，收获了累累的科技硕果。表 5-6 显示，我国 2020 年 PCT 专利申请量达 68764 件，比 2001 年增长 3875%，增长率为其他大国望尘莫及。国外主要检索工具收录我国论文总数也超速增长（见表 5-7），2019 年 SCI 收录我国论文总数比 1995 年增长 3676%；EI 增长 3447%，CPCI-S 增长 1035%。SCI 收录我国论文总数在世界上的位置由 1995 年的第 15 位上升到 2019 年的第 2 位；EI 从第 7 位上升到第 1 位，CPCI-S 从第 10 位上升到第 2 位。我国已经成长为世界数一数二的学术大国。但是，我国 ESI 论文引用率仅为 13.1 次/篇，排在英国的 21.3 次/篇、美国的 19.9 次/篇、德国的 19.2 次/篇、法国的 18.9 次/篇、日本的 14.0 次/篇之后。我国学者仍需努力提升论文在世界的影响力。

表 5-6　PCT 专利申请量按来源国统计的国际比较

国家	2020 年 PCT 专利申请量（件）	2020 年比 2001 年增长率（%）
中　国	68764	3875
法　国	7765	65
德　国	18538	32
日　本	50559	325
英　国	5900	7
美　国	58730	36

资料来源：《中国科技统计年鉴 2021》。

表 5-7　国外主要检索工具收录我国论文总数及在世界上的位置

论文　年份	1995	2000	2005	2010	2013	2014	2015	2016	2017	2018	2019	2019 年比 1995 年增长率（%）
收录论文数（篇）												
Science Citation Index	13134	30499	68226	143769	232070	264522	296847	324189	361220	418213	495875	3676
Engineering Index	8109	13163	54362	119371	163688	172914	218666	226495	227985	267734	287650	3447
Conference Proceedings Citation Index-Science	5152	6016	30786	37780	68501	56642	41657	78236	73626	68376	58498	1035
位次												
Science Citation Index	15	8	5	2	2	2	2	2	2	2	2	
Engineering Index	7	3	2	1	1	1	1	1	2	1	1	
Conference Proceedings Citation Index-Science	10	8	5	2	2	2	2	2	1	2	2	

资料来源：《中国科技统计年鉴 2021》。

我国专利授权数内部结构也在不断进步。从 1995 年算起，实用新型占比先降后升；外观设计占比先升后降，最终 2020 年两者的占比与 1995 年相差不大。只有发明占比从 1995 年的 7.53% 上升到 2020 年的 14.57%。发明含有更多的科技含量，因此我国授权专利整体的科技含量趋于上升（见图 5-10）。

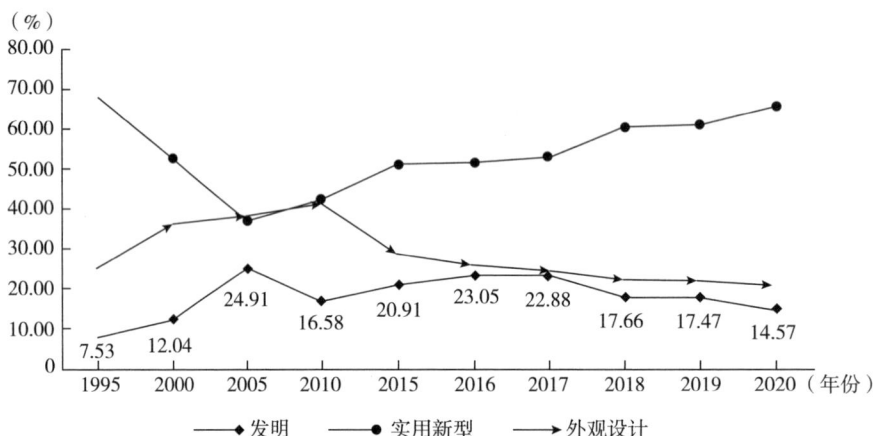

图 5-10　国内外三种专利授权数的比重

资料来源：《中国科技统计年鉴 2021》。

进一步分析专利授权数按职务分的结构（见表 5-8）。1995 年，我国专利授权主体还是以科研单位、机关团体为主，企业还未占主导地位。1995 年，企业只占发明授权数的 22.0%，科研单位占 32.6%，机关团体占 17.7%。到 2020 年，企业发明占比上升到 63.3%，科研单位占比下降到 7.4%，机关团体下降到 1.3%。发明主体由科研单位转为企业。实用新型、外观设计的授权数也逐渐为企业主导。从 1995 年到 2020 年，企业实用新型授权数占比由 38.8% 上升到 88.4%，外观设计授权数占比由 47.8% 上升到 93.7%。相反，科研单位实用新型授权数占比由 15.1% 下降到 1.3%，外观设计授权数占比由 2.9% 下降到 0.4%。机关团体实用新型授权数占比由 36.8% 下降到 2.4%，外观设计授权数占比由 49.1% 下降到 0.6%。专利授权主体由科研单位、机关团体向企业转变的趋势显著。高校的专利授权数占比变化不大。这说明我国以企业为主体的、面向市场的技术创新体系构建取得成功。图 5-11 则显示，我国科研人员发表的论文主要投向国外。1995 年，55% 的论文还是投向国内期刊，到 2019 年，95% 的论文是投向国外，这说明我国学术已经和世界接轨，融入全球知识网络。

表 5-8　国内专利授权数按职务分的比重　　　　　　　单位：%

职务＼年份	1995	2000	2005	2010	2015	2016	2017	2018	2019	2020	2020 年减1995 年的差
发明											
＃　高等院校	27.7	23.1	30.2	28.8	23.9	22.6	24.9	23.2	26.5	28.0	0.32
科研单位	32.6	32.2	16.4	9.9	8.1	7.3	7.4	6.4	7.8	7.4	−25.22
企　业	22.0	36.0	52.2	60.5	66.4	68.7	66.1	68.9	64.6	63.3	41.33
机关团体	17.7	8.7	1.2	0.8	1.6	1.5	1.6	1.6	1.1	1.3	−16.44
实用新型											
＃　高等院校	9.2	5.6	8.2	7.6	10.0	10.5	10.1	8.1	7.6	7.9	−1.32
科研单位	15.1	9.9	5.5	3.4	2.0	1.9	1.8	1.5	1.5	1.3	−13.88
企　业	38.8	82.6	84.8	87.6	86.2	85.9	86.4	89.1	88.1	88.4	49.60
机关团体	36.8	1.9	1.6	1.4	1.8	1.7	1.7	1.4	2.8	2.4	−34.40
外观设计											
＃　高等院校	0.2	0.2	2.0	5.5	4.1	4.6	4.8	5.0	6.2	5.3	5.11
科研单位	2.9	1.4	0.6	0.4	0.3	0.4	0.3	0.3	0.3	0.4	−2.57
企　业	47.8	98.3	96.7	92.7	95.1	94.5	94.5	94.2	92.7	93.7	45.95
机关团体	49.1	0.2	0.7	1.3	0.5	0.4	0.4	0.5	0.8	0.6	−48.50

资料来源：《中国科技统计年鉴 2021》。

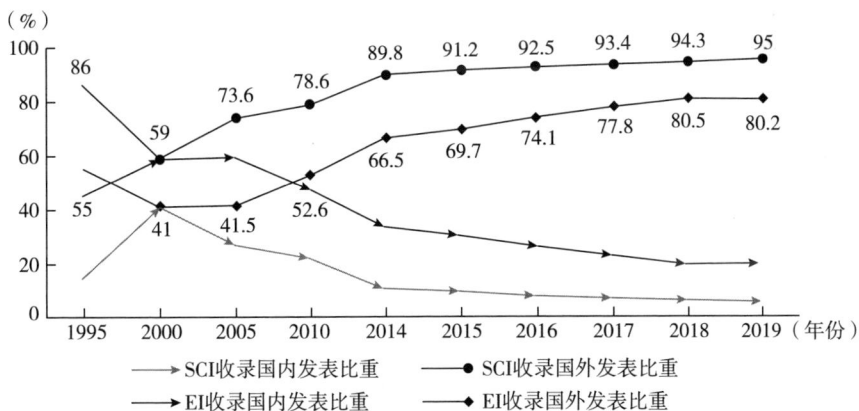

图 5-11　国外主要检索工具收录的我国科技人员在国内外期刊上

发表论文数国内、国外发表比例

资料来源：《中国科技统计年鉴 2021》。

（三）技术市场

我国技术市场在 1985 年形成以后发展迅速。图 5-12 显示，按知识产权构成分的全国技术市场成交合同数，2020 年比 2013 年专利增长 344%，是成交量增长最快的知识产权交易，但专利的交易量只占全国技术市场交易量的 5.6%。66.1% 的技术交易是未涉及知识产权的技术交易。我国"山寨"产品也创造了大量生产力。知识产权保护过于严格或者过于松懈都不利于生产力发展。每一个科技后发实现追赶的国家，如曾经的美国、日本、德国，都曾经有过技术引进的灰色区域。知识共享能快速促进生产力发展。加入 WTO 以后，我国执行《与贸易有关的知识产权协议》（TRIPs），知识产权保护日益规范。这有利于外资研发机构进入中国。2020 年，17.0% 的技术合同交易是技术秘密，9.5% 是计算机软件。

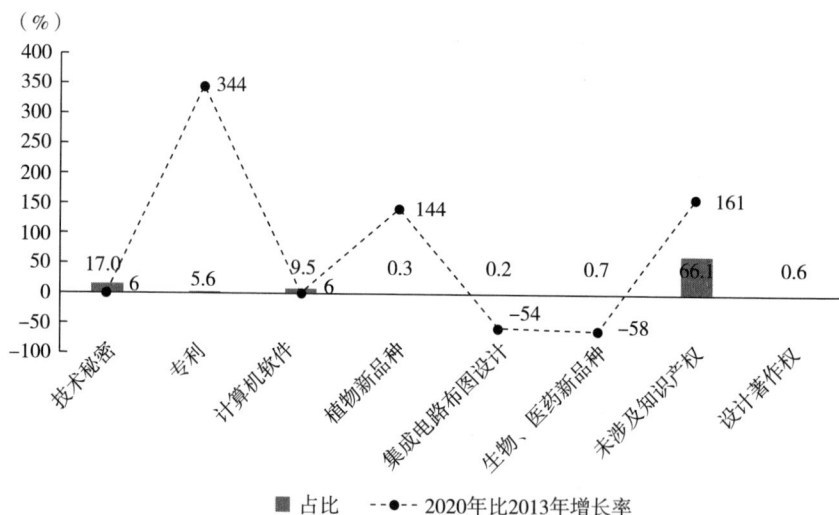

图 5-12　我国按知识产权构成分全国技术市场成交合同数

资料来源：《中国科技统计年鉴 2021》。

在我国技术市场上，最活跃的交易主体是企业。从按卖方构成类别分全国技术市场成交合同金额占比来看，企业法人占比从 2014 年的 87.63% 上升到 2020 年的 91.42%。机关法人、事业法人占比从 2014 年的 1.29%、10.25% 分别下降到 2020 年的 0.81%、6.72%。从按买方构成类别分全国技术市场成交合同金额占比来看，企业法人占比从 2014 年的 77.06% 上升到 2020 年的 80.59%。机关法人、事业法人占比从 2014 年的 13.03%、5.94% 分别下降到 2020 年的 12.58%、5.50%。原来与计划经济相适应的科研机构、机关法人在技术市场上的交易比重越来越少。企业不但成长为技术创新的主体，也成长为技术交易的最重要主体（见表 5-9、表 5-10）。

表 5-9　按卖方构成类别分全国技术市场成交合同金额占比　　　单位:%

卖方构成类别＼年份	2014	2015	2016	2017	2018	2019	2020	2020 年减 2014 年的差
机关法人	1.29	1.16	1.50	0.53	0.93	0.60	0.81	-0.48
事业法人	10.25	9.74	10.08	9.97	7.87	7.26	6.72	-3.53
#科研机构	5.35	5.70	6.18	6.46	4.68	3.66	3.94	-1.41
高等院校	3.67	3.20	3.16	2.65	2.56	2.65	1.99	-1.69
医疗、卫生	0.10	0.08	0.15	0.08	0.10	0.22	0.16	0.06
其他	1.12	0.77	0.59	0.53	0.53	0.72	0.64	-0.48
社团法人	0.05	0.13	0.52	0.37	0.35	0.05	0.13	0.08
企业法人	87.63	86.18	86.63	88.46	90.28	91.50	91.42	3.79
#内资企业	71.32	69.68	73.50	76.18	79.21	80.26	79.84	8.52
港澳台商投资企业	2.09	1.49	1.67	2.00	1.93	1.71	2.02	-0.07
外商投资企业	9.25	10.28	7.35	6.86	6.08	6.77	6.12	-3.12
个体经营	0.21	0.20	0.22	0.40	0.38	0.30	0.33	0.13
国外企业	4.76	4.54	3.89	3.03	2.69	2.45	3.11	-1.66
自然人	0.16	0.09	0.12	0.16	0.19	0.19	0.20	0.04
其他组织	0.61	2.69	1.15	0.50	0.37	0.41	0.71	0.09

资料来源:《中国科技统计年鉴 2021》。

表 5-10　按买方构成类别分全国技术市场成交合同金额占比　　　单位:%

买方构成类别＼年份	2014	2015	2016	2017	2018	2019	2020	2020 年减 2014 年的差
机关法人	13.03	16.44	13.84	15.56	13.08	15.05	12.58	-0.45
事业法人	5.94	5.93	7.85	5.76	6.38	5.60	5.50	-0.44
#科研机构	2.69	2.59	2.75	2.64	2.55	2.25	1.46	-1.23

续表

年份 买方构成类别	2014	2015	2016	2017	2018	2019	2020	2020 年减 2014 年的差
高等院校	0.97	0.64	0.74	0.60	0.47	0.45	0.52	-0.45
医疗、卫生	0.23	0.20	0.23	0.26	0.13	0.17	0.24	0.02
其他	2.06	2.50	4.13	2.26	3.23	2.74	3.28	1.23
社团法人	0.07	0.07	0.10	0.16	0.27	0.29	0.15	0.08
企业法人	77.06	75.89	76.91	76.82	78.50	77.77	80.59	3.53
#内资企业	60.82	53.94	59.98	62.72	63.38	62.57	62.57	1.75
港澳台商投资企业	1.08	1.18	1.33	1.68	1.77	1.94	2.29	1.21
外商投资企业	5.29	6.97	4.23	3.82	4.56	3.45	4.83	-0.46
个体经营	0.37	0.33	0.43	0.55	0.40	0.33	0.51	0.13
国外企业	9.50	13.47	10.94	8.06	8.40	9.48	10.39	0.90
自然人	0.30	0.19	0.19	0.33	0.33	0.50	0.24	-0.06
其他组织	3.60	1.49	1.10	1.37	1.44	0.79	0.93	-2.67

资料来源：《中国科技统计年鉴 2021》。

　　表 5-11 显示，在我国技术市场上，机关法人、"医疗、卫生"事业法人、社团法人、个体经营、国外企业、自然人、其他组织都是技术市场上的净买方，现金净流出，他们技术需求大于技术供给。科研机构、高等院校、内资企业、外商投资企业都是技术市场上的净卖方，现金净流入，他们技术供给大于技术需求。2019~2020 年港澳台商投资企业在技术市场上从净现金流入变成净现金流出，技术购买大于技术出售，从侧面反映内地的港澳台商投资企业这两年的自主创新步伐放慢。

表 5-11　按买卖方构成类别分全国技术市场成交合同收入净值

单位：万元

年份 类别	2014	2015	2016	2017	2018	2019	2020
机关法人	-10066415	-15032039	-14077781	-20167380	-21491522	-32363897	-33256521
事业法人	3695562	3750397	2537207	5653719	2649280	3699588	3449361

类别 \ 年份	2014	2015	2016	2017	2018	2019	2020
#科研机构	2281974	3059357	3911535	5122060	3773879	3173194	7001641
高等院校	2322249	2514804	2760495	2755728	3694953	4918156	4151001
医疗、卫生	−109272	−120303	−90731	−238141	−44694	122633	−243683
其他	−799389	−1703461	−4044093	−1985928	−4774857	−4514395	−7459597
社团法人	−13260	64112	480192	275322	139622	−538005	−48977
企业法人	9067311	10130190	11082271	15625866	20849943	30749809	30613893
#内资企业	9002599	15474949	15417030	18069350	28009224	39634683	48782819
港澳台商投资企业	868136	305019	394405	433492	283898	−511800	−755279
外商投资企业	3396267	3260826	3554453	4078739	2699298	7441637	3656971
个体经营	−141522	−132393	−238560	−194808	−27594	−77634	−490747
国外企业	−4058169	−8778210	−8045057	−6760907	−10114884	−15737078	−20579871
自然人	−120902	−99053	−86237	−219519	−250510	−692095	−115914
其他组织	−2562296	1186393	64348	−1168008	−1896812	−855400	−641841

资料来源：《中国科技统计年鉴2021》。

（四）国际创新网络

改革开放后，尤其是邓小平同志南方谈话以后，外商直接投资加速涌入中国。内地庞大的市场、廉价的生产成本以及各种招商引资优惠政策吸引 FDI 在东部沿海地区投资设厂，以制造业为主的 FDI 带来先进技术、管理知识，并通过产业集群传播给周边内资企业，形成竞争压力带动内资企业自主创新，进而带动经济快速增长，我国逐渐成为世界工厂，向世界输出工业品，充分发挥后发优势，创造经济奇迹。从图 5-13 可以看出，我国外资与外贸进出口的协同性。外资流入带动外贸进出口额的同步增长。图 5-14 显示出了 GDP 增长率与外商直接投资增长率、出口总额增长率、进口总额增长率的高度相关性。除 1992 年、1993 年邓小平同志南方谈话后 FDI 急剧增长以外，FDI 增长率与 GDP 增长率几乎是同步的。1994~2020 年二者相关系数达 0.68。1991~2020 年出口总额增长率与 GDP 增长率相关系数达 0.66，进口总额增长率与 GDP 增长率相关系数达 0.67。净出口增长率的波动大，与 GDP 增长率相关系数为−0.38。

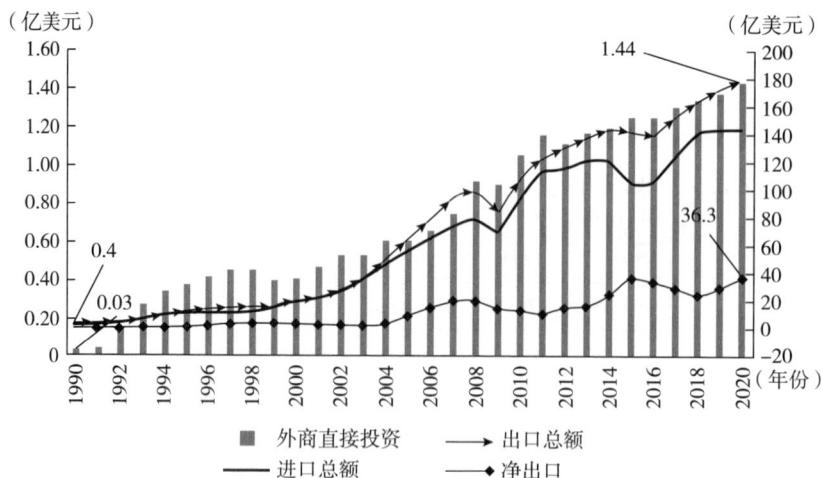

图 5-13　我国货物进出口额与外商直接投资额

资料来源：《中国统计年鉴 2021》。

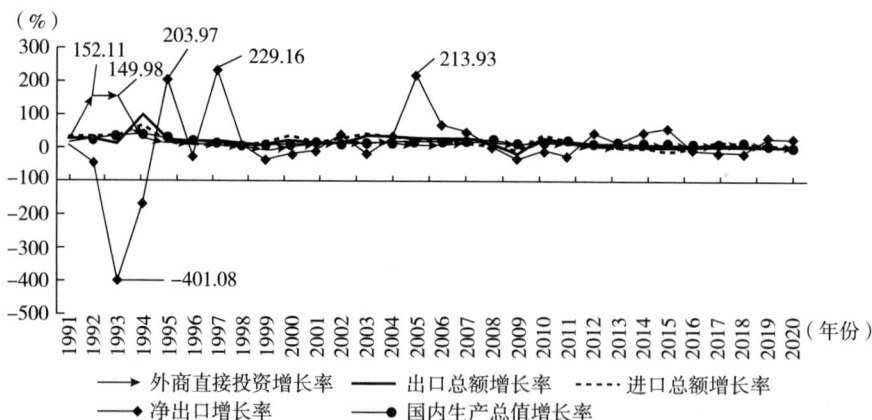

图 5-14　我国各指标增长率之间的关联性

资料来源：《中国统计年鉴 2021》。

通过改革开放后我国人民的不懈奋斗，虚心学习，自主创新，2020 年我国已经是世界上第一大出口国，出口额占世界的 14.74%（见表 5-12）。我国对外直接投资额世界占比由 2000 年的无足轻重的 0.08%，大幅跃升到 2020 年的 17.97%，是世界上第一大对外直接投资国，也与我国 GDP 占世界的

17.38%相匹配。我国也成为仅次于美国的世界上第二大外商直接投资目的地，2020 年 FDI 占世界的 14.95%。通过我国与其他国家的相互投资设厂或者建设海外研发中心，促进了我国与其他国家的技术交流，使我国更加深入地融入了全球科技创新网络。

表 5-12　各国货物进出口额、外商直接投资额、对外直接投资额的世界占比

单位:%

国家	出口额占比		进口额占比		外商直接投资额占比		对外直接投资额占比	
	2000 年	2020 年	2000 年	2020 年	2000 年	2020 年	2000 年	2020 年
中国	3.59	14.74	4.01	11.54	3.00	14.95	0.08	17.97
日本	6.61	3.65	7.70	3.56	0.61	1.03	2.72	15.64
美国	21.90	8.14	12.56	13.52	23.15	15.65	12.25	12.54
法国	5.30	2.78	4.79	3.27	2.03	1.80	13.91	5.97
德国	8.67	7.85	8.84	6.57	14.62	3.57	4.91	4.72
英国	5.82	2.29	4.53	3.56	8.50	1.97	20.00	-4.52

资料来源:《中国统计年鉴 2021》。

我国还派遣学生出国留学，以获取国外先进科技回国建设。1978 年底，第一批留学人员赴美。到 2019 年，累计出国留学人数达 625 万人。2019 年，当年出国留学人数达 70.35 万人。越来越多的学子选择出国深造。而且，越来越多的留学生选择学成回国工作。图 5-15 显示，每年出国留学人员数对学成回国留学人员数的倍数大趋势是下降的，尤其是 2001 年加入 WTO 以后，我国很多政策、法律法规、标准逐渐与世界接轨，国家还出台了诸多的政策便利留学生回国创业、工作。出国留学人员数对学成回国留学人员数的倍数从 2002 年的 7.0 下降到 2019 年的 1.2。海归留学生为祖国建设带来宝贵的缄默知识、先进科技、先进方法和理念，以及更广阔的全球社会网络，间接促进了我国融入全球开放式的科技创新网络。

我国有特色的开放式的自主创新系统一方面使我经济总量规模跃升到世界上数一数二的位置，另一方面使得我国经济结构不断优化升级（见表 5-13）。在我国商品出口贸易额中，从 1990 年到 2020 年，科技含量高的工业制品比重不断上升，从 74.5% 上升到 95.5%，尤其是高新技术产品，从 4.3% 跃升到

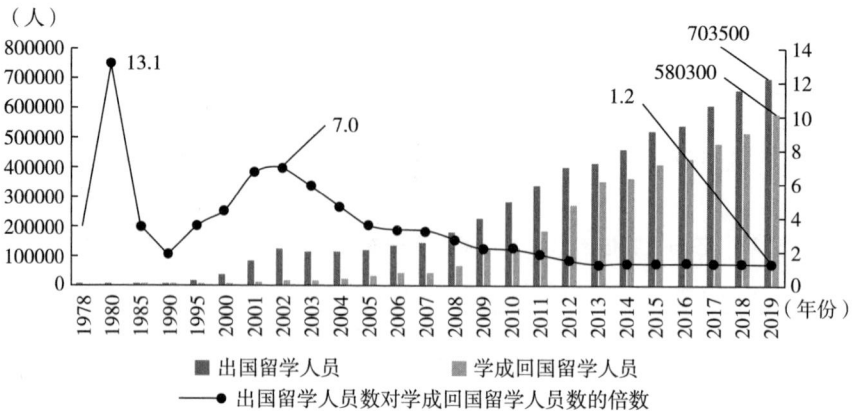

图 5-15　我国留学人员情况

资料来源:《中国统计年鉴 2021》。

30.0%;科技含量低的初级产品比重不断下降,从 25.5% 下降到 4.5%。在商品进口贸易额中,则出现相反的趋势:科技含量高的工业制品比重不断下降,从 81.5% 下降到 66.8%,但高新技术产品进口是与出口一样的上升趋势,从 13.1% 上升到 33.0%,这与高新技术产品产业内国际贸易有关。初级产品进口比重从 18.5% 上升到 33.2%。这相当于用我国的高新技术出口交换国外的自然资源进口。在商品净出口额中,工业制品顺差从 27 亿美元增加到 10953 亿美元,高新技术产品顺差从 -42 亿美元增加到 942 亿美元,而初级产品从顺差 60 亿美元发展为逆差 5713 亿美元。我国开创了一条适合自身国情的、有中国特色的、社会主义的、开放式自主创新的科技创新体系,并正在稳健地向 21 世纪中叶的世界科技强国前进。

表 5-13　高新技术产品、工业制品和初级产品的进出口贸易构成与差额

项目 \ 年份	1990	1995	2000	2005	2010	2015	2019	2020
构成（%）								
商品出口贸易总额＝100								
工业制品	74.5	85.6	89.8	93.6	94.8	95.4	94.6	95.5
#高新技术产品	4.3	6.8	14.9	28.6	31.2	28.8	29.2	30.0

年份 项目	1990	1995	2000	2005	2010	2015	2019	2020
构成（％）								
初级产品	25.5	14.4	10.2	6.4	5.2	4.6	5.4	4.5
商品进口贸易总额＝100								
工业制品	81.5	81.5	79.2	77.6	69.0	71.9	64.9	66.8
#高新技术产品	13.1	16.5	23.3	30.0	29.6	32.6	30.7	33.0
初级产品	18.5	18.5	20.8	22.4	31.0	28.1	35.1	33.2
绝对数（亿美元）								
商品进出口贸易差额	87	167	241	1020	1831	5930	4211	5240
工业制品	27	196	454	2007	5339	9620	10171	10953
#高新技术产品	-42	-117	-155	206	797	1072	929	942
初级产品	60	-29	-213	-987	-3508	-3690	-5960	-5713

资料来源：《中国统计年鉴2021》。

第五节　中国科创系统演变历程的理论启示

一、科技是发展的核心驱动力

我国古代曾经是世界科技中心。公元401~1000年，中国重大发明占全世界的71%。以四大发明为代表的技术成就了我国古代农业社会辉煌的中华文明。无论是汉代张骞开拓丝绸之路，还是明代郑和七下大西洋（1405~1433年），都是东方巨龙向西方世界传播我国灿烂的技术文明。马克思主义唯物史观认为，生产力决定生产关系，生产关系反作用于生产力。科技是第一生产力，科技决定生产关系。不仅如此，科技还决定了军事、政治、外交、文化、经济等人类社会的方方面面，甚至影响地理的长期演化。反过来，生产关系反作用于生产力。我国在地理上分散的自给自足的小农经济以及大一统的"建郡置县"封建统治制度，虽成就了发达农业文明，但也很难内生出地理上趋于集中的工业文明，因为这会危及封建统治。所以，在我国四大发明传播到欧洲，并为航海家、资本家提供了技术工具以后，欧洲文艺革命、资产阶级革命、工业革命等翻天覆地的变化，开启了中西方大分流。加上同一时期我国人口剧烈增长导致经济陷入"马尔萨斯陷阱"，还有"自主限关"的外交政策使得我国远离当时的西方科技革命。生产关系束缚了生产力的发展，必然要求生产关系的进一步调整。因此，有了我国人民前赴后继的近代革命史。我国人民在中国共产党领导下，推翻帝国主义、封建主义以及官僚资本主义三座大山，建立起社会主义的新中国。

新中国成立后，我国逐步建立社会主义现代化的科学建制，在举国体制的优势下，取得"两弹一星"、人工合成牛胰岛素、青蒿素、杂交水稻等重大科技成就，维护了新中国的独立自主和国防安全。然而，以行政指令为特征的垂直管理的自封闭的科技管理体系虽然可以在若干点上实现科技突破，但难以在面上形成高效率的科技产出。改革开放后，以塑造自主、积极的微观科研主体为主线，配合经济体制的改革，我国在科技体制上展开全面而渐进的科技体制改革。通过改革开放促进生产力进步。我国科技实力、经济实力在世界舞台上快速跃升，成为第二大科技大国、经济大国，全面建成小康社会，走出一条全新的社会主义特色的自主创新的科技强国之路，中华民族从此崛起于世界民族之林。

二、科技进步需要开放式创新

科研活动需要不断吸收旧的知识，生产新的知识。无论旧知识，还是新知识，大多数都是社会共享的，具有开放性。知识网络越开放、越密集，知识整合、繁衍的速度越快，科技进步越快。我国古代三面环山、一面临海的地理环境有利于我国大一统的农业社会。稠密的农业人口结成的知识网络，加上相对欧洲庄园更发达的商品贸易网络，使得我国技术水平比欧洲更为先进。也正是因为开放的国际贸易，还有国际战争，丝绸之路、战俘成了我国文明传播到欧洲的媒体。欧洲利用四大发明复兴文艺，通过大航海开启全球化，构建开放的资本主义世界生产网络。如果没有东方古代文明向西方的开放，西方文明也不会崛起。资本主义生产网络下的知识网络更加开放，工业革命、科技革命相继数次发生，人类如今进入知识爆炸的知识经济时代。

我国明清时期"自主限关"的外交政策使得我国孤立于全球科创网络之

外，科技进步缓慢。在鸦片战争使我国近代被迫开放口岸通商之后，西学东渐。传教士、外资与留学生带来西方先进科技知识。新中国成立后，在苏联的工程师、科学家的支持下，我们构建起独立自主的科技基础设施与创新体系。中苏关系恶化以后，我国逐渐与西方国家建立外交关系和科技知识网络的对接。改革开放以后，中华民族"科学的春天"到来了。我国更加广泛、全面、深入地融入全球科技创新体系。通过外资引进，技术引进、消化与吸收，我国在模仿创新的基础上，逐步建设完整的工业生产体系与技术体系。加入WTO以后，我国国际贸易更加快速发展，带动科技知识更快速地流动。国内技术市场的培育与发展，知识产权制度的建立与完善，使得我国知识网络对内更加开放，对外也更加开放。我国逐渐进入创新型国家行列，目前基本建成具有中国特色的国家科创体系。

三、可持续发展需要自主创新

从微观层面来看，自主创新是适应知识网络与市场竞争的研发活动。科学探索是面向未知世界的探索。技术开发结果也面临各种不确定性。很多科研主体掌握的隐性知识独立地存在于科研主体脑海里，而不为别人所掌握。因此，在科研活动过程中，即使是外界资助的科研活动，科研主体也需要自主决定各项科研细节：研究思路、技术方法、实验设备等，保证科研团队的隐性知识的正确利用。只有确保科研主体自主权，明确界定科研成果的知识产权，促进科研成果的商品化、产业化，科研活动才有恰当的激励和约束机制，全社会科研活动才能得以持续进行。这是微观层面的自主创新，是与市场经济相适应的微观主体活力构造，也是与分布式知识网络相适应的一系列的民主与放权。我国改革开放后，对科研主体的放权让利，推动科研院所向企业化改制，或者建立现代化科研院所制度，正是微观主体自主创新权力的赋予过程，并取得了举世瞩目的成绩。

从宏观层面来看，国家自主创新是民族国家可持续发展的前提。独立自主的国家民族利益是客观的存在。科技决定国力。某些核心关键技术、国家机密科技、科学家（工程师）团体的隐性知识只能独立存在于国界之内。拥有自主的科技知识，是立国之本。新中国成立后，科技力量薄弱，发挥后发优势，引进国外先进技术加以消化吸收并二次创新，是我国科技起飞的主要路径。在苏联帮助下，我国建立起独立、自主、可控的工业和国防技术体系，才得以在战后的冷战秩序中保证国家安全。加入 WTO 以后，我国也加强知识产权制度与国际的接轨，专利授权量飞速提升。在科技民族主义盛行的今天，在地缘政治不稳定的世界政局之下，我国科技创新链条被"卡脖子"的事件频发，这愈加显示出民族国家拥有自主可控核心技术的重要性，同时也倒逼我国科技工作者形成联盟，运用举国体制优势，在某些核心关键技术领域取得突破。

四、科技创新系统是公共产品

科技知识市场存在外部性、信息不对称、垄断、公共产品导致市场失灵的四大因素。科技知识市场无论是作为投入市场，还是作为产出市场，都是一个失灵的市场。为了弥补市场失灵导致的资源配置的非效率与不公平，政府援助之手必须到位。科技创新系统是科创主体之间互动、互利、频繁利用"头脑碰撞"以产生新知识的社会网络。这种社会网络是一项公共产品，任何个体都不能有效率且公平地提供。只有体现和维护公民利益的"有为政府"才能高屋建瓴地提供有生命力的科创生态系统。

我国在构建科创系统道路上摸索出了一条具有中国特色的自主创新道路，这条道路是与社会主义市场经济道路相适应的。社会主义市场经济是以公有制为主体，市场在资源配置中起决定性作用的经济体制。我国既要"有效的市场"，也要"有为的政府"，走出一条渐进式的从计划经济转轨到市场经济的中国特色的道路，避开了"华盛顿共识"的理论陷阱。与经济体制相适应，为了解决科技与经济两张皮的问题，我国政府同样推动科技体制从垂直封闭的、行政指令式的、与计划经济体制相适应的科技体制向水平开放的、以市场信号为指引的、适应社会主义市场体制的科技体制转变。中国共产党与中国政府敢于开拓创新，走出了一条史无前例的中国特色的自主创新道路。中国人民在中国共产党的领导下，坚持中国特色社会主义，努力奋斗，众志成城，正在迈步向 2050 年世界科技创新强国、世界主要科学中心和创新高地前进。

参考文献

[1] 曹和平，张博，叶静怡. 中国建置经济制度的历史传承与当代竞争[J]. 经济研究，2004（5）：117-125.

[2] 姜锡东. 宋代生产力的发展水平 [J]. 中国社会科学，2022（7）：95-112.

［3］蔡昉．理解"李约瑟之谜"的一个经济增长视角［J］．经济学动态，2016（6）：4-14.

［4］姚洋．高水平陷阱——李约瑟之谜再考察［J］．经济研究，2003（1）：71-79.

［5］杨汝岱．制度与发展：中国的实践［J］．管理世界，2008（7）：151-159.

［6］中国历史研究院课题组．明清时期"闭关锁国"问题新探［J］．历史研究，2022（3）：4-21.

［7］梁若冰．口岸、铁路与中国近代工业化［J］．经济研究，2015（4）：178-191.

［8］胡鞍钢，高宇宁，鄢一龙．从落伍者、追赶者到超越者：中国工业百年发展之路（1913-2013）［J］．浙江社会科学，2013（9）：4-13.

［9］方书生．近代中国工业化的渐变与突变［J］．上海经济研究，2022（7）：117-128.

［10］刘超．近代中国大学的国际表现——重绘全球史视野下的学术图景［J］．教育研究，2023（1）：69-88.

［11］白春礼．中国科技的创造与进步［M］．北京：外文出版社，2018.

［12］李正风，武晨箫．中国科技创新体系制度基础的变革——历程、特征与挑战［J］．科学学研究，2019（10）：1729-1734.

［13］贺俊，陶思宇．创新体系与技术能力协同演进：中国工业技术进步70年［J］．经济纵横，2019（10）：64-73.

［14］中华人民共和国科学技术部．中国科技发展70年：1949-2019［M］．北京：科学技术文献出版社，2019.

［15］贾后明．从"生产力发展"到"创新驱动发展战略"——兼论推进马克思经济学话语的时代转换［J］．河北经贸大学学报，2023（5）：67-73.

［16］洪银兴．中国特色社会主义政治经济学发展的最新成果［J］．中国社会科学，2018（9）：5-15.

［17］刘伟．新时代中国经济发展的逻辑［J］．中国社会科学，2018（9）：16-25.

第六章　国家—国际科技创新中心理论构建及其未来启示

第一节　世界大国科技强国之路的比较

一、科创系统效率决定国力兴衰

自大航海开启全球化以来，在世界近现代历史上，大国霸权兴衰起落。英国凭借第一次工业革命、第一次科技革命，光荣上升为国力第一大国，国土面积历史上第一大国，号称日不落帝国。这段荣光时期，科创系统与资产阶级革命释放的制度红利相结合，一百年创造出超过历史上积累的生产力。在第二次工业革命，英国固守传统技术轨道，科创系统效率不如新兴国家德国、美国，在国际市场竞争中处于下风。国力从20世纪衰落至今。与英国相隔英吉利海峡的法国，在拿破仑·波拿巴执政期间，为了对外武力征服大力扶植科技发展，法国经历了约60年的世界科学中心的辉煌时期。在拿破仑·波拿巴的第一帝国崩溃以后，法国政局动荡，其他国家的科学家对法国也不再趋之若鹜。法国缓慢的工业化也使得法国国力在其北方邻国德国的崛起面前黯然失色。

德意志，一个位于欧洲走廊备受战争蹂躏的地区，这里的民族自强不息，开拓进取。普鲁士公国建立了第一所现代大学——柏林大学，是最早普及义务教育的国家。1871年，德国统一为联邦国家后，铁路网、公路网把国家资源和市场整合一体。在李斯特主张的国家资本主义的制度优势下，在扶植新兴产业的关税同盟保护下，德国在第二次工业革命中崛起。遗憾的是，随着国力崛起的是军国主义的复活。法西斯独裁政治对德国科创系统造成巨大的破坏。德国不再是世界科技中心，科学家纷纷离开德国。二战后即使重建，也难再恢复战前辉煌。

大和民族是一个善于学习的民族。日本国和英国一样，属于岛国，在海权时代具有优势。黑船事件以后，日本在亡国危机下，明治维新，奋力引进西方科技，"富国强兵""殖产兴业""文明开化"，在后发优势下快速完成两次工业革命，崛起为亚洲第一强国。在第二次世界大战中，日本法西斯与美国、英国、法国等同盟国为敌，科技引进渠道被堵，科技进步缓慢。最后日本败于美国的高科技、高杀伤力武器之下。二战后，日本依附美国，在日美同盟下快速吸收美国高科技，经济发展、科技进步飞快。在20世纪80年代的世界贸易中，日本半导体、小汽车、电气产品威胁到美国产品，美国通过广场协议以及多个不平等贸易协议夺回市场，由此日本多个产业衰退，走向失去的三十年。日本是唯——个没有成为世界科学中心的大国。

美国，一个移民国家，独立建国以后就通过引进欧洲科技工业化，完成两次工业革命。在建国118年以后，崛起为世界第一大工业国。1907年，迈克尔逊获得第一个诺贝尔物理学奖，宣告美国开启科技独立自主的年代。二战爆发后，爱因斯坦、冯·布劳恩等诸多顶级德国科学家移民美国（爱因斯坦促成美国曼哈顿计划，引爆原子弹；冯·布劳恩帮助美国完成阿波罗计划，首次登月）。美国作为世界科技中心地位更加巩固。在美苏冷战中，美国政府成为美国科创体系最重要的主体，开启了第三次工业革命。20世纪五六十年代也是美国经济、科技发展的黄金期。美苏冷战结束后，美国在20世纪90年代又迎来了信息技术革命浪潮。美国至今在人工智能、生物制药等领域全球领先，仍然是世界科技中心。汤浅现象认为世界科技中心通常维持80年左右（见表6-1），美国已打破此规律。

表6-1　近现代国际科技中心变迁

国家	意大利	英国	法国	德国	美国
时间	1540~1610年	1660~1730年	1770~1830年	1810~1920年	1920年至今

资料来源：笔者整理。

中国拥有上下五千年的中华文明，是现存唯一的文明古国。中国古代曾是世界科技中心，以四大发明为代表的工匠技术和农耕技术支撑着古代中国作为世界经济中心的地位。明清中国"马尔萨斯人口陷阱""自主限关"让中国科技进步相对于同时代的欧美日落后太多，国力差距悬殊。国门被迫打开后，西方科技逐渐传播到中国，近代工业体系逐渐建构。新中国成立后，我国在苏联科技引进的条件下建立自主独立的科技体系。改革开放后，科技体制改革释放的红利让我国科技进步一日千里，跃升为科技与经济总量第二大国。综上所述，科创系统与政治系统、经济系统、军事系统、教育文化系统紧密地融合在一起，共同决定一个国家的国力变迁。但是，科创系统效率是国力最重要的决定因素。

二、国情决定国家科创系统选择

科创系统效率决定国力兴衰。科技兴则国兴，科技衰则国衰。那么，什么因素决定科创系统效率？在对美国、日本、德国、英国、法国、中国科创系统演变历程的纵向分析基础上，表6-2归纳出了影响大国科创系统效率的16大因素。在对六个大国科创演变历程定性分析的基础上，对每个因素赋予权重。每个国家在每个因素上的得分不一样，得分是对现在每个国家的主观评分，科学的方法是对每一项影响因素寻找客观数据再赋值。限于篇幅，在前文唯物的历史资料分析的基础上，主观评分取近似值。只为论证一个观点：不同国家根据本国的国情选择适合自身的科创系统，并与时俱进，根据内外部条件变化不断加以完善。

表6-2　科创系统效率的主要影响因素分析

因素	满分	美国	日本	德国	英国	法国	中国
研发投入	15	15	14	13	12	11	10
知识产权制度	10	10	10	10	10	10	8
研究型大学	10	10	7	5	9	6	8
职业教育	5	5	4	4	2	3	3
移民政策	5	5	4	4	4	4	2
劳动力市场	5	4	2	2	3	3	2
资本市场（包括风险投资等）	5	5	2	2	4	3	2
中小企业	5	5	4	4	3	3	2

因素	满分	美国	日本	德国	英国	法国	中国
工业体系	10	6	7	7	6	7	9
知识转化（包括中介机构等）	5	5	3	4	2	3	2
国际贸易	5	5	5	5	5	5	5
国际投资	5	5	5	5	5	5	5
国防实力	5	5	2	4	4	5	5
军民转化	2.5	2.5	1.5	2	2	2	1.5
基础设施（包括大科学装置、国家实验室等）	2.5	2	1.5	1.5	1.5	1.5	2
营商环境（包括国家治理、创新文化等）	5	5	4	4	4	3.5	2
总分	100	94.5	76	76.5	76.5	75	68.5

资料来源：笔者整理。

美国是科创系统的模范。自建国以来，美国科创系统几乎都一直高效率运转，让美国国力从零飙升到超级大国。表6-2对美国多个指标评分满分。由于美国制造业外迁，以及中国劳动密集型产业对美国国内制造业的冲击，美国部分工业区域的蓝领工人失业率提升。由于劳动力流动是有成本的，失业工人只能忍受失业，或者在原居住地从事低薪的服务业工作。未来自动化对蓝领工人将有更大的冲击，而政府对蓝领工人的再培训未跟得上，因此"劳动力市场"4分。美国制造业外迁，本土的制造业生态变得贫瘠，因此"工业体系"6分。1993年，美国超导超级对撞机工程中途被废除，以致美国错失发现希格斯玻色子的机会，因此美国"基础设施"2分。总分94.5。美国需要制造业回归，重塑美国制造。

日本大学偏重于应用研究，基础研究薄弱，高等教育国际竞争力与其GDP地位不符。2023年QS大学排名，东京大学、京都大学、东京工业大学在世界排名第23、36、55位，不如中国的北京大学、清华大学、香港大学在世界上的排名第12、14、21位，但比法国、德国好。"研究型大学"7分。终身雇佣制、年功序列制、企业内工会使得员工与隐性知识流动性低。"劳动力市场"2分。日本实行主银行制度，知识流动在财团之间受限，财团支持日本重化工业和企业一体化，风险资本与信息技术领域的中小企业少，在研发周期短的信息产业竞争力低。"资本市场"2分。日本制造业集群的中小企业发展不错，有诸多隐形冠军。"中小企业"4分，日本军事依附于美国，民用科技还供应美国军方，因此，"国防实力" 2 分，"军民转化" 1.5 分。总分 76 分。日本科创系统领域诸多的问题，不能适应信息时代新经济条件，必须要推进改革，才能走出"失去的年代"。

德国研发投入强度比美国、日本稍低（见图 6-1）。表 6-2 显示，德国"研发投入"为 13 分。德国开创研究型大学先河，但二战后大学研究自由受限，教授属于公务员编制。2023 年世界 QS 大学排名，慕尼黑工业大学、路德维希—马克西米利安—慕尼黑大学、鲁普莱希特—卡尔斯—海德堡大学排第 49、59、65 位，是六个大国大学教育排名最弱的一国。"研究型大学" 5 分。德国实行主银行制度，资本市场较弱。工会具有强大影响力，工资具有刚性。劳资协同经营制度、长期雇佣制度也使工人不热衷于突破性创新，因为这会影响既定的技术工作岗位。德国、日本的科创系统特征相似，都是实行国家资本主义的主银行制度，这在曾经的重化工业中作出了贡献。资本市场的落后以及劳动力市场的刚性，让工人适合"干中学"，沿着旧的技术轨道"精益求精"，而不太可能走出新的技术轨道。因此德国、日本在软件、互联网、生物制药等技术快速变化的行业，反应迟缓，业绩平庸。德国"劳动力市场""资本市场"各 2 分。弗劳恩霍夫应用研究促进协会高效率地推动科技转化为生产力，培育了很多细分领域的世界隐形冠军。"中小企业" 4 分。总分 76.5 分。德国需要大力发展研究型大学、资本市场，改革劳工制度。

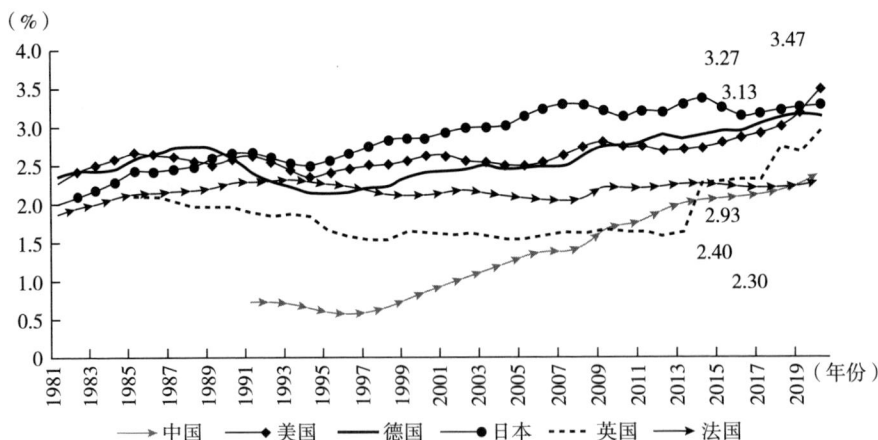

图 6-1　各大国 R&D 经费支出占 GDP 比例

资料来源：OECD 官网，https：//data.oecd.org/rd/gross-domestic-spending-on-r-d.htm。

英国研发投入强度比德国稍弱（见图6-1）。"研发投入"12分。英国高等教育在全球仅次于美国，质量卓越，但职业教育落后。这造成人力资源素质两极分化，普遍的大众劳动者技术水平低，不利于顶尖的技术、产业在经济、社会领域的传播。人才、技术、产业都是中端缺失的纺锤形结构。"职业教育"2分。英国重视服务业，轻视制造业（见图6-2）。2020年英国服务业增加值占GDP比重达80.5%，与美国接近。"工业体系"6分。知识转化中介机构很少，大学基础科学知识难以产业化。"知识转化"2分。总分76.5分。英国需要通过发展新兴制造业来促进科技进步，也需要大力发展职业教育，推动大学成果转化。

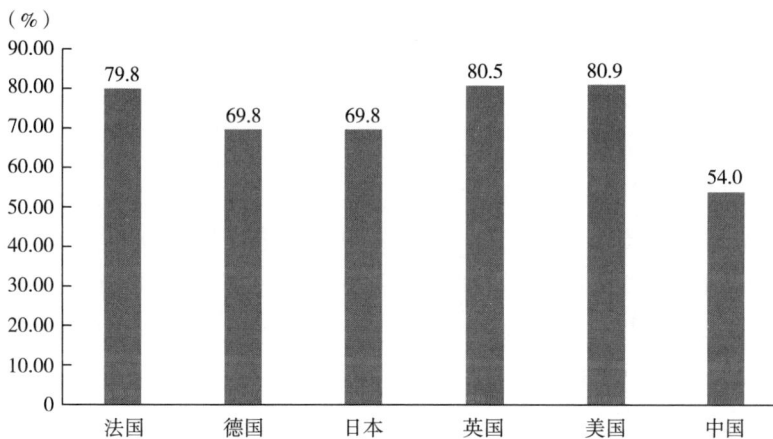

图6-2　各大国服务业增加值占GDP比例

资料来源：OECD官网，https：//data.oecd.org/natincome/value-added-by-activity.htm。

法国科研投入强度在资本主义大国当中最低。"研发投入"11分。法国大学跟德国一样，大学教授属于国家公务员，政府权力过度渗透，大学办学自由受限。最好的三所大学巴黎科学艺术人文大学、巴黎理工学院、索邦大学在2023年世界QS大学排名为第26、48、60位，好于德国。"研究型大学"6分。法国大学教育以下的学生仅有45%完成了强制规定的学制，职业教育水平也不高。"职业教育"3分。由于法国工业军事化、国有化，政府权力渗透到产业、研究机构，甚至要素与产品市场。"营商环境"3.5分。总分75分。法国需要赋予大学办学更多的自由、科学探索更多的自由，发展职业教育、民用科技，推动市场自由化。

中国是科技大国,但还不是科技强国,很多指标值都较低。我国大力推动双一流大学建设,北京大学、清华大学、复旦大学在2023年世界QS大学排名为第12、14、34位,比日本、德国、法国都靠前,发展算好。"研究型大学"8分。我国制造能力强大,工业体系完善(见图6-2)。我国服务业占GDP比重最低,制造业占GDP比重最高,因此承载更多科技的制造业推动科技进步速度更快。"工业体系"9分。工业保障我国国防实力强大。"国防实力"5分。我国改革开放、加入WTO,充分利用海外资金与市场,开放式创新成绩斐然。"国际贸易""国际投资"均为5分。其他指标都有或大或小的问题:知识产权保护不力;职业教育得不到重视;移民中国存在各种障碍;劳动力市场不完善;资本市场落后;中小企业融资难;大学成果转化问题重重;军民转化渠道不通畅;法制化、市场化的营商环境缺失;等等。总分68.5分。我国需要推进市场化改革与国企改革的纵深发展,大力扶持资本市场、中小企业发展,加强产权保护,制定更加有吸引力的移民政策,优化营商环境,推动大学成果转化、军民技术转化,等等。

每个国家根据既有的政治制度、经济制度来选择相应的科创系统。美国、英国采用自由资本主义制度,市场交易更加自由、平等,资本市场、技术市场更加发达,大学教授自由探索,高度自主办学,科创主体激励约束机制更加健全,水平、开放的科创系统信息流动更加自由、快速,效率更高。德国、日本、法国采用国家资本主义制度。国家通过国企控制经济,资本市场、技术市场落后,实行主银行制度,大学教授属于公务员(日本2004年改革),办学自主权有限。由于政权对科创系统的渗透,科创主体激励约束机制受破坏。垂直、封闭的科创系统信息流动缓慢、受阻,效率更低。美国、英国、法国服务业更发达。德国、日本制造业比重更大。因为美国、英国办学更加自由,所以美国、英国大学教育世界领先,日本、德国、法国大学教育则相对落后。美国、英国、法国注重基础研究,比日本、德国更多颠覆式创新。但英国、法国受大学成果转化能力制约,颠覆式创新比美国弱。法国军事工业发达。日本、德国基础研究薄弱,更多的是在既定的技术轨道上渐进式创新。

从当前五个发达国家的科创效率比较来看,总的来说,自由资本主义科创系统效率高于国家资本主义科创系统。这可能是因为自由资本主义科创系统与科创主体在未知领域的不确定性黑暗中自由探索的行为更兼容。在特定的历史时期,如面临战争威胁的时候,日本、德国、法国的国家资本主义科创系统也曾获得很好的绩效。只是时过境迁，国内外各种条件已经发生变化，日本、德国、法国的国家资本主义科创系统存在较多问题，唯有制度改革才是科技不断进步的动力。

中国摸索出一条史无前例的中国特色社会主义的自主创新道路，建设出一个与社会主义市场经济体制相适应的科创系统，取得了骄人的成绩。我国1979~2020 年 GDP 年均增长率达 9%。即使进入新常态以后，增产率也约为发达国家的两倍（见图 6-3）。2020 年我国 GDP 占全世界的 17.4%，世界第 2（见图 6-4）。与 1979 年我国 GDP 占全世界的 1.79%、世界第 11 相比，成绩

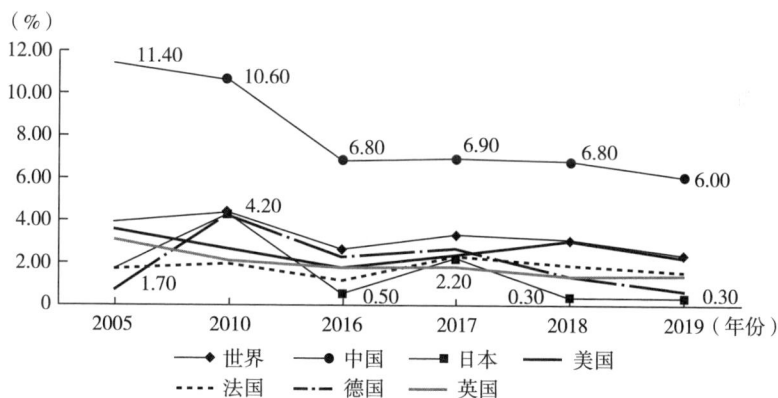

图 6-3　世界大国的 GDP 增长率

资料来源：《中国统计年鉴 2021》。

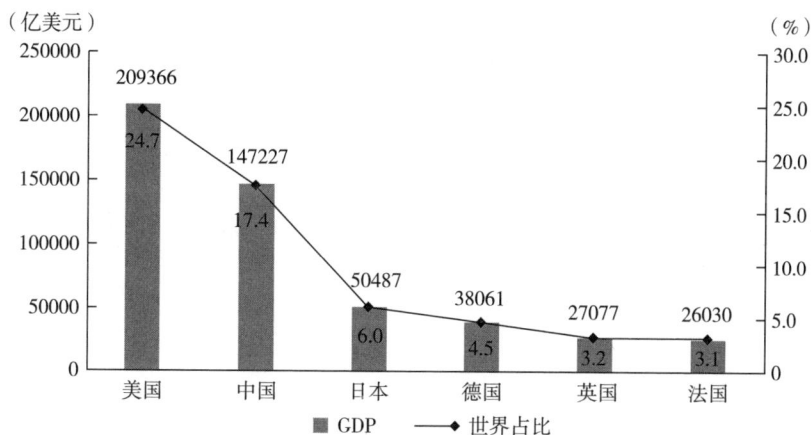

图 6-4　世界大国 GDP 与世界占比（2020 年）

资料来源：《中国统计年鉴 2021》。

斐然，我国经济总量、科研成果总量已经跃升到全球第二了（见图 6-4、表 6-3），人均 GDP 也从 2000 年占世界人均 GDP 的 17% 上升到 2020 年的 96% 了，人民生活质量得到了很大提升。论文引用率为 13.16 次/篇，在大国中最低，科研质量还有待提升（见表 6-4）。

表 6-3　世界大国人均 GDP（2000~2020 年）

国别	人均 GDP（美元）		世界占比（%）	
	2000	2020	2000	2020
世界	5488	10926	1	1
中国	959	10500	17	96
日本	38532	40146	702	367
美国	36335	63544	662	582
法国	22420	38625	409	354
德国	23695	45724	432	418
英国	28155	40285	513	369

资料来源：《中国统计年鉴 2021》。

表 6-4　按 ESI 论文数量排序的前 20 个国家和地区

国家	位次	论文数量（篇）	被引用次数（次）	论文引用率（次/篇）
美国	1	4379730	87553897	19.99
中国	2	3465661	45591820	13.16
英国	3	1396742	29822342	21.35
德国	4	1186919	22824920	19.23
日本	5	875069	12290608	14.05
法国	6	802799	15205668	18.94

资料来源：《中国科技统计年鉴 2021》。

第二节　国家—国际科技创新中心的理论构建

一、概念

（一）国家—国际科技创新中心

世界科学中心几经变迁。1954 年，英国科学学创始人贝尔纳（J. D. Bernal）

在《历史上的科学》中描述了历史上科学中心的变迁过程（见图 6-5）。文明古国巴比伦、埃及、中国都曾作为历史上的科学中心。1962 年，日本科学史家汤浅光朝对科学中心进行定量分析，认为一国科研成果占世界 25% 以上时，可界定为世界科学中心。汤浅发现，近代世界科学中心持续时间平均为 80 年（见表 6-1）。学术界称为"汤浅现象"。学术界通常从科学外史上对科学中心变迁寻找解释。汤浅认为，社会革命、科学家集团老化等影响世界科学中心的形成与转移。其实，科技内史、外史共同决定世界科学中心的演化。如前文所述，经济、政治、军事、文化、教育等科技外史都对一国科技进步产生影响。在内史上，由于知识专业化，某些专业的知识在某些阶段会簇群生长，然后知识增速变慢。当一个国家主导发展的某些专业的科技正处于专业成长期时，配合其他社会有利因素，这个国家更容易成长为世界科学中心。而且，科学与技术日益融合。英国的蒸汽机技术、法国的化学和生物技术、德国的电气化技术和化学技术、美国的信息技术等推动了它们先后成为世界科学中心。这种现象可称为"专业知识生命周期"。

图 6-5　世界科学活动中心转移时序图

国家层次上的国际科技创新中心，像历史上的英国、法国、德国、美国等，笔者用国家—国际科技创新中心来表示。像硅谷、128 公路、东京、新竹等区域层次上的国际科技创新中心，笔者用区域—国际科技创新中心区分开来。笔者对国家—国际科技创新中心界定为：集聚世界 25% 以上的科技成果的国家科创系统。这概念沿袭了汤浅光朝对世界科学中心的量化界定，并结合了创新系统理论。国际科技创新中心是全球创新系统、国家创新系统、区域创新系统、技术创新系统、行业创新系统相互交融、相互作用的混合体。国家创新系统对国家—国际科技创新中心影响最大，区域科创系统对区域—国际科技创新中心影响最大。集聚经济、知识外溢等经济地理机制的作用，更多表现在区域—国际科技创新中心上。国家—国际科技创新中心有更多的政治属性，区域—国际科技创新中心有更多的地理属性。国家—国际科技创新中心服务于国家竞争力的提升、国民财富的创造。区域—国际科技创新中心服务于区域竞争力的提升，区域财富的创造。

丹麦经济学家本特-艾克·伦德瓦尔定义国家创新系统为："一个在国家层面上涵盖不同组织、机构和社会经济体内部组成，及彼此之间相互关联的、开放的、复杂的且不断演变的系统，这个系统决定基于科学知识和技术经验学习过程中的创新能力建设的效率与方向。"它既包括科技创新 STI（Science，Technology，Innovation)，又包括干中学、用中学与互动中学 DUI（Doing，Using，Interacting)。它既关注颠覆式创新、渐进性创新，又关注科技引进、吸收、应用与推广。它是一个不断学习、不断生产新知识的国家系统。

很明显，国家创新系统理论与新古典经济学均衡理论很不一样。后者理论焦点是价格机制，它认为供求决定市场均衡价格；价格变动指引资源流向；资源配置优化可以实现利润最大化、效用最大化。前者焦点在于不断地学习探索，通过科技进步提升国家竞争力，创造国民财富。后者理论落脚点是均衡，前者理论落脚点是演化、发展。后者是静态的，前者是动态的。

国际科技创新中心必需的四个要素：科创资源、科创主体、科创市场、科创网络。科创主体通过运用科创资源，利用科创市场、科创网络生产知识、产品或服务，实现经济增长，创造国民财富。人才、科学、技术、科学装置等是主要的科创资源。企业、大学、科研机构是主要的科创主体。企业是技术创新（发明）主体；大学与科研机构是科学创新（发现）主体。要素市场、商品市场是主要的科创市场。基于信任和熟人关系的社会网络是主要的科创网络。

科创要素之间的不同关系形成国际科创中心（系统）的不同结构。科创系统与经济系统、政治系统等彼此交融，形成不同结构的国际科创中心。例如，德国、日本、法国等国家资本主义的科创中心；美国、英国等自由资本主义的科创中心；中国摸索出来的社会主义特色的自主创新中心；等等。不同的科创中心在不同的历史时期，有着不同的财富贡献、不同的效率。

（二）国家—国际科技创新中心效率

研究国家—国际科技创新中心，目的是提升国际科技创新中心的效率，提升国家竞争力，以更少的投入创造更多的国民财富。国际科技创新中心的效率定义为：国际科技创新中心的投入产出比率。以更少的投入创造更多的知识产出，即为更高效率的科创中心。我们还可以构建不同层次的指标体系来量化科创中心的效率，如表6-2所示，在此不再展开。我们更关心的是，如何提升科创中心的效率，如何创建更高效率的科创中心？

前文对全球大国作为国际科创中心的历程分别做了比较分析，试图通过案例研究，实证归纳决定国际科创中心效率的各种因素。这种研究方法有它不足之处，例如，没有运用统计推断的方法找出规律。然而，全球大国数量有限，而且科创数据经常缺失，尤其是近代史上的数据。政策制度、技术变革、地理环境等变量对科创系统起着重大作用，但难以量化。因此，运用"实践—理论—实践"的研究方法，在对各国科创系统演变史的实践考察的基础上，前面各章分别提出若干理论假设，然后再运用到其他大国相互检验验证，形成"观察—假设—检验（再观察）"的科学研究闭环。

前文发现，不同国家的科创系统，或者同一个国家不同时代的科创系统，它们的架构都是不一样的，不可强求统一不变的科创中心模式。但在多样化且不断演变的科创中心运行特征当中，总有一些共同的机制、原理支配着所有科创系统的演变。这些共同的原则就是国际科创中心理论的核心，以下归纳为四大命题。

二、命题假设及其逻辑机理

（一）自由市场有助于提升科创中心效率

市场经济是分布式经济。隐性知识，如消费者偏好、生产者诀窍、商业机密、科研技能、灵感等不能以数字化信息传递到中央处理系统。这些隐性知识分布在全国各地。市场主体必须能够自由、自主地根据分散的、不断变化的市场信息随时调整决策，优化资源配置。这也是我国从计划经济走向市场经济的原因。我国改革是从对微观主体的放权让利、塑造自由决策的市场主体开始的。

每个国家的市场模式根据国情而异。在信息化浪潮中，美国自由市场的企业和消费者能够更快地做出决策，诞生了苹果、谷歌、特斯拉等卓越企业，但美国过度自由化容易引起金融危机。日本为了实现经济赶超，政府控制了银行、企业财团、劳动力等资源，在快速工业化进程里取得辉煌成绩，但在信息经济下，不能适应高技术产业对知识快速裂变、人员快速流动的要求。德国市场同样表现出对新经济的不适应。德国社会市场经济模式兼顾社会公平，"劳资公决制"降低了企业决策速度和工人学习的积极性、流动性，"全能银行制"注重稳健经济增长，但在培育颠覆性创新上不力。每个国家的市场经济模式是由其历史、政治、经济、文化等各种条件综合影响而生成的。每个国家有自主选择权，但也需要与时俱进、不断改革。而其中，保证市场主体的自主自由的决策权是根本。

我国在市场经济道路选择上，避开了"华盛顿共识"新自由主义的理论陷阱，走出了一条具有中国特色的社会主义市场经济的独特的"中国道路"，让我们国家崛起成为世界第二大经济大国、科技大国。党的二十大报告指出，"坚持和完善社会主义基本经济制度，毫不动摇巩固和发展公有制经济，毫不动摇鼓励、支持、引导非公有制经济发展，充分发挥市场在资源配置中的决定性作用，更好发挥政府作用"。我国市场经济模式是建立在公有制经济为主体的经济体制之上的，既发挥市场主体经济建设的主观能动性，又维护了经济稳定与社会公平。

（二）开放网络有助于提升科创中心效率

显性知识可以通过光纤传播，但隐性知识更多通过人与人面对面的交流传播。公司内部实验室与生产车间、设计部门、营销部门的互动交流，公司与外部供应商、用户的相互反馈，公司与大学、研究机构的合作研发，在这样的多元的社会网络之中，显性与隐性知识不断地交叉碰撞衍生出新的思想、新的知识。这种基于熟人关系、信任关系的与生产网络、社会网络重叠的知识网络，成就了高效率的科创系统，美国硅谷是典范。日本、德国、法国等知识网络相对封闭，人才流动以及依附于人才的隐性知识流动受限，造成了信息时代的科创业绩平平。

如今已经不再是发明家单打独斗的时代。科研活动需要团队，需要处于创新集群之中。尤其是大科学研究项目，通常是跨学科、跨部门、跨区域、跨国界的。这就要求人才与知识充分自由地流动。例如，硅谷的大学教授在与计算机行业国际顶级用户互动中受益，获得诺贝尔奖；美国生物技术的研究高度依赖卫生部门的用户体验和应用反馈；等等。知识流动不是从实验室到车间再到用户的线性单向的流动，而是网络状传播。创新是多源头的。科创中心通常与工业中心相融合。科创（知识）网络通常与发达的交通网络、通信网络、生产网络、商业网络、社会网络重叠。网络知识的传播能力还取决于大众的学习能力、知识存量、创造能力。因此，科创中心通常与教育中心也是重合的。

在全球化浪潮中，国家之间通过全球知识网络共享知识、共创知识；通过购买机械、获得技术转让许可等获得广泛应用的技术；通过引进外商直接投资，获得技术外溢，通过对他国直接投资获得当地隐性知识；通过分包、承包融入全球价值链，获得专业知识；通过研发合同、研发联盟获得隐性知识，提升研发能力；通过人才引进获得隐性知识和研发能力，以及人才带来的国际社会网络；等等。全球科创网络对网络中的任一国家节点都是有益的。但随着技术民族主义的升温，各国对外的科研网络开放度趋于下降，倾向于独享部分关键核心技术。

（三）自主创新是可持续发展的必要条件

无论是微观的企业、大学或科研院所，还是宏观的国家或地区，拥有自主的核心技术，才能在竞争中自主决策、维护主权和利益，才能实现可持续发展。落后的国家（企业等）总是从学习、引进技术开始的，无论是购买设备还是引进人才，甚至通过产业间谍的方式获取技术。但是，当技术积累接近领先国家（企业等）时，技术引进难度加大，加大自主技术研发就必须了。在近代史上，美国、德国、日本都是从领先国家引进技术起步的，而后美国、德国自主技术投资加大，成为世界科学中心。日本对美国军事、科技都有依赖，基础研究薄弱，可持续发展难以维系。我国也是从对外开放、引进技术起步的，新中国成立后依靠苏联建立独立自主的工业技术体系。改革开放后，引进外资、技术，吸引留学生回国，快速发展为第二大国。但是，当前也面临基础研究薄弱，关键核心技术被"卡脖子"等技术自主程度不高的问题，在逆全球化的趋势中，亟须改善。

（四）政府负责建设开放式国家科创系统

市场失灵、系统失灵、制度失灵，这是政府建设科创系统的理论基础。科创系统与经济、政治、军事、教育、文化、社会、生态等各系统互相作用，形成复杂系统。这也只有代表公众利益的政府才能协调各方利益，制定协同各技术、各部门、各区域的国家科创系统。政府还可以召集最优秀的科学家，对科技发展趋势做出预测，提前部署抢占高新科技赛道。美国互联网、纳米技术、航天航空技术、人工智能技术，还有新药研发成功，都有美国政府的大力支持。我国政府在建设我国科创体系、推动科创体系转型，发展航空航天、国防军事科技、绿色能源等，建设北京正负电子对撞机（BEPC）、郭守敬望远镜（LAMOST）、500米口径球面射电望远镜（FAST）等大科学工程上取得了丰硕成绩。

三、未来实践指导方向

建设一个高效率的国际科技创新中心，需要政府组织社会各方力量，众志成城：首先，政府培育、集聚各种创新资源。建设科研基础设施，包括科学装置、国家实验室；建设交通网络、通信网络等；培育人力资源，吸引留学生回国，吸引全球优秀人才移民。其次，政府培育、集聚有活力的科创主体：企业、大学、科研院所等，鼓励自主、自由探索创新，建立充分的激励机制，建立先进的科技治理制度。再次，建设自由的市场体系：技术市场、劳动力市场、资本市场等，鼓励要素自由流动，鼓励新设企业、重组企业，建立完善的创业资本退出机制。最后，建设开放的科创网络。组织各种行业协会、学会、论坛，各种活动组织（留学生、博士生促进会等），推动知识交流；鼓励建立产学研创新联盟；等等（见图6-6）。

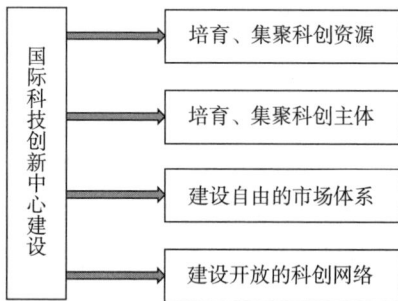

图6-6　国际科技创新中心建设示意图

第三节　我国国际科技创新中心建设的未来之路

一、培育集聚资源

（一）引进国外科创资源

①通过购买国外先进设备、获得国外专利技术授权等方式，继续引进国外先进技术。②吸引跨国公司、顶尖大学、诺贝尔获奖团队在国内建设研发中心、实验室。③吸引海外卓越科学家、工程师移民中国，为技术移民提供"绿卡"签证便利，提供事业、创业发展空间，提供平等的科研资金、项目申报机会，提供住房、子女教育、医疗保障等生活保障，共筑"中国梦"。④吸

引海外学生留学中国，吸引海外留学生归国。⑤吸引海外风险资本来华。

（二）培育本土卓越人才

①营造宽松、平等的科研环境，为有科研潜力的德才兼备的卓越科学家、工程师脱颖而出成为领军人物创造条件。②构建市场化、法制化的营商环境，培育更多像埃隆·里夫·马斯克、史蒂夫·乔布斯、杰克·韦尔奇等既懂技术又懂管理的卓越的企业家。③改革大学教育，培养具有创新能力的大学生。产教融合、科教融合，培养与企业、科研院所人才的需求结构相适应的大学生。④发展职业教育、继续教育，推广科普活动，培养"大国工匠"精神，建立多层次、高素质的"人才梯队"队伍，加强科技传播能力。

（三）稳定支持基础研究

①长期稳定地分类支持基础研究经费投入。由国家自然科学基金择优支持以大学为主的自由探索的纯基础研究，由国家财政经费稳定支持以国家实验室和国家级科研院所为主的定向基础研究（面向世界科技前沿、面向经济主战场、面向国家重大需求、面向人民生命健康），由企业筹集多方资金选择支持适应企业发展战略的应用基础研究，三者竞相迸发。②宽松评审、评价基础研究项目。基础研究通常产生不可预知的科研成果，项目评审应该降低对申报项目的研究基础、预期成果的要求。项目考核评价应该遵循"长周期、低频次、少干预、看能力"的原则。③基础研究立项"点、线、面"结合。大兵团作战的重点项目要谨慎立项，对于小团队作战的面上项目则鼓励多立项。因为大多数颠覆性创新由小团队做出，大兵团更多的是渐进式创新。建设自由探索的小科学与任务导向的大科学和谐共处的科学生态。④加速基础研究与应用基础研究之间的相互转化。"任务带学科"（任务向学科提出问题）与"学科带任务"（学科引出新的任务）辩证结合。学科与任务之间的转化通道应该是快捷、通畅的，如医学实验室（学科）与临床治疗（任务）之间的通道。⑤鼓励交叉学科研究，如生物化学、生物信息学等。鼓励自然科学与人文社科的融合。⑥推动服务于基础研究的大科学装置评审的国际化，吸引国际投资参与建设，这有助于大科学装置立项更加客观公正，避免立项受到国内利益集团的影响。⑦推动大科学装置、国家实验室对国外科研工作者的共享。通过大科学装置、国家实验室吸引国外科研工作者赴华工作，带来更多缄默知识。

（四）突破关键核心技术

①政府组建研发联盟。以国家战略科技力量为主导组建研发联盟，在涉及

长远发展和国家安全的"卡脖子"的关键核心技术上取得突破，实现关键核心技术安全、自主、可控。②建设产业上中下游相互协同的科创生态。实验室需要不断对样品进行检测、试错，及时收集用户的反馈信息，把技术突破与样品大规模商用化相结合。

（五）建设区域科创中心

①根据区域科创资源丰裕度制定适合各区域的科创战略。东部地区着重原始创新与集成创新，西部地区着重引进适用技术并二次创新。②利用科技创新集群效应，以大科学装置为核心建设若干区域科技创新中心。北京、上海、粤港澳大湾区等科技创新中心更加国际化，中西部科创中心如合肥、西安、成都等更加注重内循环。③推进跨区域（城市）的科创项目研究。推进科创资源跨区域（城市）的流动。建设京津冀、长三角、粤港澳大湾区等区域创新共同体。

二、培育集聚主体

（一）培育富有活力的创新企业

①优化营商环境。建立平等竞争的创新生态。②鼓励企业自主创新，积极申报发明专利。③引导创新资本流向更有创新能力的中小企业；流向战略性新兴产业，在新的技术轨道上领跑；流向基础研究、应用基础研究、应用研究。④在逆全球化的浪潮中，扶持遭遇贸易战的国家龙头企业，培育若干世界一流高科技企业。⑤鼓励企业在海外建设研发中心，吸收当地缄默知识。⑥推进国企深度改革，消除国企的官僚作风，提升国企面向市场的创新能力。⑦鼓励企业创新联盟，产学研深度融合，建设创新集群。⑧制造业当家，发展智能制造、绿色制造。⑨推动服务业创新。

（二）建设创新型、创业型大学

①加快建设中国特色现代大学制度，赋予大学更大的办学自主权，建设人才培养、学科建设、科技研发三位一体的创新型、创业型大学。②建设世界一流大学和一流学科。通过培育国内的世界顶尖大学作为模范，带动国内其他高校的发展。③大学科研实行分工。国家级大学主要从事周期长、风险大的基础研究。地方型大学主要从事面向区域经济需求的"短平快"的应用研究。④教育方式改革。教育以提升学生的创新能力、创业能力为方向。产教融合、科教融合。培育产业、科研需要的创新型、创业型学生。⑤教师绩效考评制度改革。绩效考评更看重教师科教成果的质量与社会贡献。⑥提升高校知识转化

办公室的转化能力。建设大学科技园。鼓励教师以自主知识产权创新、创业。⑦统筹职业教育、高等教育、继续教育协同创新。⑧加强与国外高校、研究机构、跨国公司的科研合作、访问交流、联合办学等。

（三）稳步发展现代化科研院所

①进一步推进科研院所改制，建设现代科研院所制度。②构建分工合理的公共实验室体系。发挥举国体制优势，在基础前沿和行业共性关键技术领域，增强骨干科研院所的引领作用。③根据"四个面向"（面向世界科技前沿、面向经济主战场、面向国家重大需求、面向人民生命健康），在航空航天、量子通信、人工智能、健康医疗等重点领域，培育一批世界一流的科研院所。④建设一批面向市场的新型研发机构。⑤建设一批将知识转化为生产力的服务机构。类似于德国的弗劳恩霍夫协会。⑥建设各类科技服务机构，如研发设计、中试熟化、创业孵化、检验检测认证、知识产权等各类科技服务机构。

三、建设自由市场

（一）发展商品市场内外循环

①继续推进对外贸易。通过进口设备、商品逆向学习国外先进生产技术。通过出口市场的竞争，根据国外消费者特性不断改良工艺、优化产品。通过出口创汇，投资国内教育、科研事业。②发展内循环。收集国内市场庞大的消费者群及时反馈的消息，不断改善新产品设计，改进工艺、流程。③通过政府采购扶持国内幼稚产业发展，有选择地贸易保护。

（二）发展国内国外技术市场

①加强知识产权保护。维护技术市场的技术发明家利益，提供足够激励科技创新的动能。②鼓励增加技术发明专利的申请。鼓励申请国际专利。一方面是因为国际专利技术要求更为严格，可以促进专利技术含量提高；另一方面是因为更容易在海外生产，打开国外市场。③发展技术进出口。通过自主技术对落后国家授权获得收益，继续投资研发新技术。

（三）构建多层次的资本市场

①推动更多企业按照股份制运作。推动更多企业上市，为创业者、创新者可以及时兑现前期投入、释放风险提供足够的创业、创新激励。②发展多层次的资本市场，满足不同规模企业的融资需求。③鼓励企业海外上市。④大力发展风险投资。政府、大学也可以作为风险投资者，与风险资本家共同扶持初创

企业发展，共担风险、共享收益。

（四）建设自由的劳动力市场

①利用新一代信息技术建设劳动力市场，加强用人单位与劳动者的信息连通质量与效率，解决科创企业用人问题。②鼓励劳动者在不同公司自由流动，劳动者携带的缄默知识的流动带来新知识的重新组合与衍生。③建立多层次的劳动力市场。发达的劳动力市场可以帮助生产工人、工程师、职业经理人、科学家或者毕业生都能快捷地找到工作，快速形成生产力。

四、建设科创网络

（一）与生产网络等融合建设

①在生产网络发达的地方建设科创网络。科技创新网络是基于信任关系而相互交流知识的网络。科创网络通常与生产网络、通信网络、交通网络、社会网络、能源网络等融合在一起。因此，科创网络区位与其他网络的区位是一致的。各种行业协会、联谊会、校友会、会议论坛的选址适宜设置在经济发达、通信与交通发达、人口密集、能源充沛的地区。②建设诚信友善、崇尚科技创新的社会文化，更有助于科创效率提升。因为社会成员之间的友爱、信任与科创网络交流效率正相关。③在科创网络基础上建设科创中心。

（二）建设多层次的知识网络

①建设企业家俱乐部、博士促进会、工程师协会、留学生联谊会、技师协会等多层次的社会网络。举办多种会议论坛，鼓励创新者建立更广泛的社交网络，开放式创新，鼓励不同层次之间的科创网络连接。②鼓励大众创业，万众创新，发展众创空间。③在科技园开设咖啡厅、沙龙等放松交流的场所。④建设政府科技顾问网络，提升政府科创管理效率。

（三）建设全球化的知识网络

①发展与世界各国友好外交关系。通过融合全球贸易网络、生产网络、金融网络等，建设全球科创网络。②吸引海外华人科学家、留学生归国就业，带来更广泛的全球科创网络。③鼓励国际科研项目合作、互访、会议交流等。④鼓励大科学装置国际开放共享。⑤既鼓励我国公司在国外设置研发中心，也鼓励跨国公司来华建设研发中心。⑥鼓励我国科研院所、大学主导或参与国际大科学计划和工程。⑦积极参与国际科技合作规则制定，共同应对气候变化、公共卫生等全球性问题。⑧鼓励合作建设国际创新基地。⑨鼓励国内发展多元

文化。文化建设融入全球化，吸引更多的海外知识分子来华。

参考文献

［1］褚建勋，王晨阳，王喆．国家有组织科研：迎接世界三大中心转移的中国创新生态系统探讨［J］．中国科学院院刊，2023，38（5）：708-718.

［2］［美］马克·扎卡里·泰勒．为什么有的国家创新力强？［M］．北京：新华出版社，2018.

［3］Bernal J D. Science in History［M］. Cambridge：The MIT Press，1971.

［4］Mintomo Yuasa. Center of Scientific Activity：Its Shift from the16th to the 20tCentury［J］. Japanese Studies in the History of Science，1962，1（1）：57-75.

［5］王晓文，王树恩．"三大中心"转移与"汤浅现象"的终结［J］．科学管理研究，2007（8）：36-38.

［6］Lundvall B A，Vang J，Joseph K J，Chaminade C. Innovation System Research and Developing Countries［A］//Lundvall B A，Joseph K J，Chaminade C，Vang J.（eds）. Handbook of Innovation Systems and Developing Countries：Building Domestic Capabilities in a Global Setting［C］. Cheltenham，UK and Northampton，MAUSA：Edward Elgar，2009.

［7］娄伟．重大技术革命解构与重构经济范式研究：基于地理空间视角［J］．中国软科学，2020（1）：86-94.

［8］左伟．美德日市场经济模式的比较研究及启示［J］．当代经济管理，2014（4）：86-92.

［9］周弘．全球化背景下"中国道路"的世界意义［J］．中国社会科学，2009（5）：37-45.

［10］简新华，余江．市场经济只能建立在私有制基础上吗？——兼评公有制与市场经济不相容论［J］．经济研究，2016（12）：4-17.

［11］克里斯蒂娜·查米纳德，本特-艾克·伦德瓦尔，莎古芙塔·哈尼夫．国家创新体系概论［M］．上海：上海交通大学出版社，2019.

［12］陶诚，张志强，陈云伟．关于我国建设基础科学研究强国的若干思考［A］//中国科学院．科技强国建设之路：战略与思考［C］．北京：科学出版社，2019.

第七章　区域—国际科技创新中心建设的实践与理论构建

第一节　主要区域—国际科技创新中心的比较分析

一、美国硅谷

（一）硅谷发展的历程

硅谷是一个经济地理概念，是对美国在太平洋西岸的旧金山湾区的别称，大致上是指夹着旧金山湾的东西两岸的狭长谷地，南北长不到100千米、东西宽10~15千米，人口大约500万。这里集聚着美国众多的世界一流的科技龙头企业，如苹果、谷歌、英特尔、思科、英伟达、特斯拉等。硅谷是美国乃至全世界最具有创新活力的全球化区域，它的崛起也是后工业时代的事情。1952年，总部位于美国东海岸纽约州的IBM在旧金山湾区设立研究中心，带来大量计算机人才。1956年，贝尔实验室的第一个诺贝尔奖获得者，晶体管的发明人肖克利辞去贝尔实验室的工作，回到加州的帕洛阿图（斯坦福大学所在地）照顾母亲，并成立肖克利半导体实验室，招徕诺伊斯、摩尔、克莱纳等年轻的"八叛徒"。1957年，"八叛徒"离开肖克利，在菲尔柴尔德的风险资本支持下，创立仙童半导体公司。仙童半导体公司又孵化出更多的半导体公司，由此旧金山湾区成了半导体产业集聚地。到了20世纪70年代，旧金山湾区有了一个新名字：硅谷。

20 世纪 70 年代中期，众多半导体工厂为了降低成本搬离硅谷，取而代之的是硅谷软件业兴起，硅谷进入 2.0 的信息时代。90 年代，硅谷更是引领了全世界的互联网、移动互联网创业、创新浪潮。互联网泡沫破裂以后，自 2003 年起，硅谷进入 3.0 的后互联网时代。如今，硅谷不仅仅是"硅"产业集聚地，而是形成了"南 IT、北生物"的产业布局。硅谷不再是"硅"谷，而是创新之谷。硅谷的成功既有偶然性，也有必然性。硅谷不可复制，但是深入研究硅谷，作为我国建设国际科技创新中心的标杆，会发现很多值得我们学习的地方。

（二）硅谷发展的启示

1. 公司裂变

硅谷很多伟大的公司都是从旧公司孕育出来的，是站在巨人肩膀上创新的成果。仙童半导体公司就裂变出英特尔以及众多的硅谷半导体公司。硅谷对竞业禁止协议的监管最为宽松。因为加州政府还有一项规定：当一个人必须依靠某种技能生存时，就必须允许他使用这种技能，而不管这种技能是否从老雇主那里得来的。因此，硅谷政府对公司员工辞职创业或者跳槽到别的公司，都是很宽容。风险资本甚至鼓励公司内部员工这么做。硅谷一些大公司如谷歌、思科等，也作为风险投资商的角色，鼓励内部员工创业，孵化成熟以后再收购。这种破坏性创新对老雇主的赢利是有负面影响的，但对于整个地区的经济活力、知识增长都是正面的提升。当仙童半导体"八叛徒"都离职创业时，仙童半导体开始衰落，但是硅谷迎来繁荣时期。正是这般的推陈出新，硅谷比美国 IBM 所在的纽约州、AT&T 所在的新泽西州、微软所在的华盛顿州、德州仪器所在的得克萨斯州更有活力，因为这些大公司对内部员工同业竞争的管制非常严格，员工的任何创新想法都归属于公司，这就限制了员工的创新积极性。

2. 移民文化

旧金山湾是移民的城市群。第一代移民是来自西班牙的殖民者，第二代移民是来自墨西哥、中国的淘金者，第三代移民是二战后涌进的"淘硅者"（包括港台移民），第四代移民是 20 世纪 90 年代涌进的互联网"冲浪者"（包括中国、印度移民）。硅谷的致富机会、平等的社会地位，还有地中海气候，吸引了全世界的冒险家和知识精英。他们成为硅谷科研、管理和创业的主力军，如来自南非的特斯拉的艾隆·马斯克，来自叙利亚的苹果的史蒂夫·乔布斯，来自俄罗斯的谷歌的谢尔盖·布林，来自中国的英伟达的黄仁勋，等等。移民带来了多元化的智慧与勤劳，也带来世界各地的语言、文化与社会网络，这使得硅谷在设计全球化产品、构建全球化营销网络上具有先天的优势。Google 一开始就设计全世界通用的平台和服务，iPhone 一款手机打天下，Whats App 打造的是国际版本的及时聊天工具，等等。硅谷会聚了全球的精英，打造了改变世界的全球化产品。

3. 创业型大学

1951 年，在斯坦福副校长弗雷德里克·特曼提议之下，斯坦福工业园建成，柯达、通用电气、肖克利晶体管、惠普等公司第一批入驻。惠普公司创办人休伊特、帕克特是斯坦福的学生。斯坦福大学还给惠普公司投资、指导。斯坦福大学允许教授、职工、学生凭靠职务发明创业。思科的"多协议路由器"技术是斯坦福大学的职务发明。太阳公司 SUN（Stanford University Networks）是斯坦福大学一个项目衍生的公司。雅虎是斯坦福大学的学生杨致远、费罗等利用学校资源建设的项目。谷歌的网页排名算法也是佩奇、布林使用学校资源发明的专利，产权属于斯坦福大学。斯坦福大学就这样培育出一个个伟大的公司。这是它与其他大学的根本区别。斯坦福因此声名显赫，聚拢更多优秀的教授和学生，成为世界一流的顶尖大学。加州大学的伯克利分校培育出苹果的共同创始人沃兹尼克、英特尔共同创始人摩尔等。加州大学的旧金山分校也培育出基因泰克等生物医药公司。创业型大学，是硅谷的又一个优势，后面也纷纷为美国其他高校仿效。

4. 伟大发明

硅谷为人类提供了很多可以改变世界的原创的伟大的发明。基尔比和诺伊斯共同发明了集成电路，推动全球 IT 业的发展。苹果公司发明人类第一款真正实用的个人电脑、基于视窗界面和鼠标点击的操作系统，以及 iPhone、iPad、iPod、iTunes 等卓越的产品或平台，成为世界上最伟大的消费电子公司。甲骨文开创了卖软件的商业模式。雅虎开创互联网免费、开放和盈利的商业模式。谷歌创造世界最好用的搜索引擎和手机操作系统——安卓。Facebook 既是第一个社交网站，又是互联网 2.0 时代的操作系统。特斯拉的电动汽车、载人航天器 Space X、太阳能发电 Solar city 项目，等等，每一项发明、每一项产品都是颠覆式的创新，对既有的行业格局造成巨大的冲击，同时对人类文明作出莫大的贡献。至于为什么那么多伟大的发明诞生在硅谷而不是别处，这与硅谷的多方面因素有关：冒险精神、探索自由、改变世界的企业家精神、追求卓越的工程师文化、风险资本、顶尖大学、领先的基础前沿研究、知识产权保护制度，等等。一言概之，这是硅谷的开放式、高效率的科创系统运行的结果。

5. 工程师文化

创造出硅谷各项伟大产品的是硅谷的卓越工程师。硅谷没有太多的从事基础研究的科学家，更多的是从事技术发明或者产品开发的工程师。吴军博士把工程师分为五个等级。最基层的，第五等：独立完成任务；第四等：领导产品；第三等：行业最优；第二等：改变世界（如谷歌发明云计算技术的狄恩、戈马瓦特）；第一等：开创行业（如发明集成电路的诺伊斯）。顶级工程师在硅谷收入非常高，还有股票、期权等，收入甚至超过高层管理者，社会地位很高。谷歌顶级工程师在公司地位是最高的。这也保证工程师专注于卓越产品的研发。例如，1969 年，日本一家公司要求英特尔设计一款便宜的处理器，工程师霍夫本着追求卓越品质的精神，花了两年时间把产品设计成世界通用的芯片 Intel 4004，从此打开全球通用处理器市场。英特尔的工程师还把处理器的性能做到每 18 个月翻一番。硅谷的工程师拥有产品设计细节的决定权。硅谷对工程师实行时间弹性的按期交付的任务导向管理。在硅谷，工程师比资本更重要，掌握知识技能的人才真正拥有财富。

6. 知识网络

硅谷平等、开放、自由的创新文化，相互信任、相互成就的团队精神，催生了硅谷稠密的知识网络，这又进一步地推动科技创新。1979 年，在施尔 PARC 研发中心对苹果团队开放参观计算机图形界面（GUI）后，乔布斯把 GUI 用于苹果的 MAC 电脑和 LISA 电脑，比尔·盖茨进一步地用于微软的视窗操作系统，这都是知识外溢的功劳。硅谷的知识流动不仅仅表现在知识跨企业的流动，也表现在智力的跨专业运用上。跨界在硅谷是常见的现象。马斯克在大学学的物理学，创办第一个公司是互联网在线支付公司 x. com，后续还创立了航天公司、电动汽车公司、太阳能公司。语音识别公司 Naunce 创始人之一科恩，本科学习音乐。不少计算机程序员也是半道出家。美国大学教育传授的更多是科学的方法。根据科学方法就可以跨界进行学习，在结合原有专业知识基础上的二次创新，反而更可能有意外的收获，产生颠覆式创新。

7. 扁平化管理

在工业社会，企业管理结构是树状的、多层级的结构。上下级之间是命令与服从关系。部门之间信息由部门领导传递。上下级之间、部门之间的权力博弈会造成信息传递失真。多层级的传递既耗时又容易损耗，还会由于某一个环节的断层而造成整个信息链的崩溃。肖克利对晶体管公司管理的失败迫使"八叛徒"离职创业。诺伊斯在仙童半导体公司担任总经理时，开创了一种新型的雇佣关系。上下级之间是基于契约的平等的合作关系，可以自由争论。信息传递点对点，没有过多的层级结构。硅谷的移民追求财富自由与自我价值实现，而没有多少权力支配的欲望。信息时代的硅谷企业管理结构是网络状的，就像互联网一样，万众互联，彼此平等。信息沟通保真、高效、快捷。这也成就了硅谷的敏捷开发。但是，网络状的沟通成本与人数平方成正比。因此，当一个公司上规模的时候，就会做结构调整。Google 成长为大公司以后就设立了多个产品中心。英特尔变成大公司以后也做了调整，做事方式上又回到小公司。扁平化管理在硅谷更普遍，它拓展了信息传递的带宽，契约精神保证了信息传递的质量。扁平化管理还使得员工在轻松愉悦的氛围中工作，更容易调动创业创新的积极性和能动性。

8. 期权激励

除扁平化管理以外，另一个体现硅谷企业主与员工之间平等契约关系的是期权。硅谷初创企业通常会预留 10%～15%的期权给普通员工，高管的另算。期权是一种增量分配，而不是存量分配。只有员工努力工作使公司达到一定的效益目标，获得资本市场认可，股价上涨超过期权行权价，员工期权才有收益。股价越高，期权收益越高。如此一来，期权就把企业主、员工和资本三方的利益统一起来。三方不再是阶级对立的关系，而是契约合作的利益一致的平等关系。仙童半导体"八叛徒"相继离职创业，就是因为他们作为公司创办人都没有享有股权、期权。期权激励是促使硅谷和谐发展的金融工具。

9. 风险投资

硅谷人喜欢冒险。对于因冒险而带来的失败，社会也非常包容。硅谷集聚了全美国大约 40%的风险资本。这些风险资本既为初创企业提供了创业资本，又分担了创业的风险。正是由于这些风险资本的支持，英特尔、谷歌、苹果、英伟达等跨国科技公司才得以成长。硅谷的风险资本引领全球风投的方向，创立了风投界的一些原则，例如，投资就是投人、双倍投入、技术价值投资等。日本、俄罗斯等其他国家，还有美国东海岸的一些风投公司在硅谷都有分公司，并且获得比它们本地更高的收益。这得益于硅谷非常好的创新生态系统。

当然，硅谷本土的风险投资家也具有独到的眼光。他们多数是在硅谷 1.0

时代创业成功后转型为投资者的，因此他们既懂得技术、管理，又具有社会资源。硅谷风险投资家还特意储备一些技术和人才，以备在适当的时候支持初创企业。他们会鼓励有想法的卓越工程师离职创业，鼓励"背叛"。正是这些风险投资家，促成了硅谷的大公司不断衍生、裂变出更多的新生公司。硅谷因此朝气蓬勃，无限生机。硅谷的多次产业转型都不是政府规划出来的，而是风险投资家与企业家不断根据市场变化与技术进步，快速反应，灵敏调整生产而形成的。硅谷风险资本鼓励创业者不断试错，快速失败，快速纠正，快速成功。在硅谷，"快吃掉慢"、赢者通吃。企业必须是一部学习机器、试错机器。风险资本在鼓励企业快速试错、快速纠错并承担风险的过程中，起着重要作用。

（三）总结

硅谷会聚了全世界的精英，提供全世界使用的产品，改变了全世界的生活方式，创造了人类辉煌的科技文明。硅谷属于全世界。硅谷的伟大之处，不在于它创造了多少的 GDP，或解决了多少人的就业问题，而在于它的创新，推动了人类文明的进步。硅谷的新知识、新产品向全世界传播，带动了日本、韩国、中国等亚太地区的经济起飞。硅谷新的管理模式也向全世界提供了学习的样板。

硅谷模式的本质特征，在于知识自由流动。在硅谷，企业、大学、研究机构等知识组织的边界是模糊的。企业扁平化管理，知识在企业内部自由流动。企业裂变或者企业并购，新的知识不断进行衍生。创业型大学将科研成果快速商品化、产业化，创造出更大量的新知识。硅谷以人为本，契约精神、期权股权使人的创造力更好地发挥，新知识更快地繁衍。包容、平等、自由的移民文化，会聚了全世界的精英，会聚了全世界的知识网络与社会网络。工程师动手把各种新知识转化为新产品。风险投资商为各种试错分担风险。硅谷的创新生态是在控制论、系统论、信息论"三论"科学方法下，在众多拥有自主决策权的创新主体的合力之下形成的开放的、快速流动、足够带宽的知识网络。它区别于工业社会在牛顿力学的机械论方法下形成的各种工业区，也区别于美国波士顿 128 公路、西雅图、得州这些科创地区的"巨无霸"下的创新生态。硅谷模式反应更快捷。

我国在改革开放以后，借助后发优势快速完成两次工业革命，部分沿海城市进入后工业化时期。例如，深圳，处于工业时代与信息时代交叉的时期。这决定了二元的企业管理模式的合理性。计划规划、垂直管理、流水线、专利申报等工业社会特征与快速反应、扁平化管理、开放式创新等信息社会特征将并存。硅谷的发展，不是政府规划出来的，也不是企业战略规划出来的，而是众多创新主体快速试错、快速纠正、快速成功而繁衍出来的。那么，深圳更应该吸收硅谷模式的精髓，营造平等、自由、开放的市场环境，减少政府对创新主体的干预，给予创新主体充分的决策权，鼓励"大众创业、万众创新"，构建开放的、快速流动、足够带宽的知识网络。

二、日本东京

东京还是停留在工业时代的国际科技创新中心。东京，作为日本的首都，政治中心、经济中心、交通中心、科技教育文化中心等多合一，因此交通网络、通信网络、社会网络与知识网络协同，这是有效率的区位选择。东京近年来一直维持着人口的净流入，因为周边地区的失落的经济环境，东京经济表现较好。东京集聚日本30%的高校、40%的高端人才、50%的国家科研机构。因此，东京科创资源丰裕。东京利用港口群发展重化工业。日本的丰田汽车、索尼、日立、本田汽车等跨国公司总部都设在东京。这些传统的重化工业里面得到主银行制度的支持，以财团为利益核心，知识流动在财团之间是有限的。一体化的企业、垂直的管理架构、稳定的供应链、忠实的员工，这些都造成了东京的"知识凝固"。这有利于精益制造的渐进式创新，但颠覆式创新难以产生。日本高校相对重视应用研究，对基础研究重视不够，这也难以产生颠覆式创新。

东京与纽约、伦敦不一样，还保留着42.1%的制造环节。东京科技创新在空间上有分工，制造环节分布在周边县，研发、总部分布在东京都。东京的专利授权量占了东京湾的83.1%。这就形成了以东京都为核心的东京湾的科创空间布局。在东京湾外围离东京都约60千米的茨城县，在政府主导下，从20世纪60年代开始建设筑波科学城，主要入驻国家级科研机构和高校，以及部分企业研究中心。筑波大学聘请诺贝尔奖获奖者江崎玲于奈担任校长，利用校长影响力建立起国际的学术网络。散裂中子源吸引了国外的科学家前来共同研究，取得了一定的科研绩效。但是，由于筑波科学城地理位置偏远，与东京都的科创网络联系弱。科研人员稀疏的社交网络不利于知识交流，孤独的社交状态也不利于科研人员的身心健康和科研效率。交通网络、通信网络等各种城市基础设施需要新建，并没有利用好原有的城市基础设施，形成的财政压力使项目建设难以持续。少量引进的企业难以形成企业集群，难以推动大学、科研机构与企业的协同创新，知识转化为生产力效率低下。还有政府各部门之间对于科技政策利益的争夺，也使得项目建设推进缓慢。筑波科学城的建设映射出日本东京以政府为主导的自上而下规划、建设的科创体系的各种弊端：低效、反应缓慢、内耗、纠错困难，等等。

三、德国慕尼黑

慕尼黑与柏林，一南一北作为德国两大科技创新中心，遥相呼应。慕尼黑位于德国南部巴伐利亚州、阿尔卑斯山北麓、伊萨尔河畔，处于欧洲地理中心，交通区位、市场区位优越。作为巴州首府，慕尼黑建于 1158 年，至今仍保存大量王朝建筑，一年一度的啤酒节吸引全球旅客，是德国生活质量最高的城市。慕尼黑拥有两所德国最好的大学：慕尼黑工业大学（TUM）、慕尼黑大学（LMU），也是宝马、西门子、曼公司（MAN，商务车公司）等传统技术公司总部所在地。围绕这些巨头集聚着众多中小企业（隐形冠军）。在推动慕尼黑从传统技术企业集群向高新技术企业集群的转型过程中，巴州政府起着关键作用。20 世纪 90 年代，巴州政府出售持有的国企股份，将其收益用来招徕与扶持高新企业发展：建立巴伐利亚风险资本投资公司，吸引美国风险资本集聚，对美国高科技企业引进创造各种商务便利。苹果、微软、甲骨文、思科、康柏、英特尔、太阳公司、谷歌等信息时代的美国明星企业陆续进驻慕尼黑，科技创新生态逐渐形成。巴州政府还制定多项鼓励措施，确保马普学会、弗劳恩霍夫学会总部保留在慕尼黑而不是迁址柏林，这是构建慕尼黑科创生态的关键一步。

巴州政府利用"地理邻近"效应，在慕尼黑两所大学的多校区分散的格局上，在市区、近郊打造若干高科技产业集群：IT、机械、电气、生物医药、出版传媒、银行保险、风险投资基金，等等。2013 年，德国提出"工业 4.0"。引进美国信息技术企业可以为智能制造提供新的技术支持。例如，谷歌长期与TUM 合作开发人工智能、机器人。外资还催生了慕尼黑创业、创新文化：每年从 TUM 涌现出大约 80 家初创企业；宝马大股东创立 Unternehmer TUM，孵化成功 Flixbus、Celonis 等独角兽企业；大众汽车公司成立"数据：慕尼黑实验室"，招聘大学教授担任负责人；西门子成立创投基金 Next47；等等。2020年，慕尼黑有 29% 的初创企业筹集到风险投资，全国平均水平仅为 19%。以前的大学生以进入西门子、英飞凌等跨国公司为荣，如今以创业或者进入快速成长的初创企业为荣。

四、英国伦敦

伦敦位于英国东南部，地势平坦，泰晤士河流经市区，拥有伦敦港，是国际航运中心、贸易中心以及金融中心。伦敦向科技创新中心转型也是金融危机以后的事情。伦敦东区原是贫民区，与伦敦城仅是一街之隔，房价低廉，管制甚少。随着大伦敦城的城市蔓延，20世纪90年代末期，一些艺术家迁往自由、开放、共享、便宜的东区生活与工作，东区成为伦敦的文创中心。21世纪初期，随着互联网经济兴起，与文创关联的数字公司陆续进驻东区，东区成了伦敦的文创与数字经济中心。2008年金融危机后，收入不景气的艺术家难以支撑东区炒作起来的房租，陆续外迁，出现"东区画廊西迁"景象。艺术家腾出来的空间则为数字公司的继续集聚提供了可能。

2010年，首相卡梅伦提出建设一系列科创中心，东伦敦科技城在列。英国贸易投资总署招募科学家组建科技城投资集团，作为东伦敦科技城的建设主体，在软环境、硬环境上同步推进。在软环境方面，税收优惠、融资便利、教育培训等自不多说，突出的是，科技城联合政府推出数字产业的技术签证，外籍专家只需得到科技城的担保即可入境就业，大大加快了境外人才的引进速度。如今，科技城外籍人士已超50%。政府对不同阶段的企业采取不同的扶持政策：为初创企业提供足够的孵化空间；鼓励成长型企业进入B轮融资"未来五十"计划，量身定制扶植政策；为成熟型企业提供跨区域的发展计划、贸易展览会、一对多研讨会等服务。在硬环境方面，城市基础设施更新、新增必不可少，突出的是把职住平衡、非正式交流空间作为首要的城市更新目标，建立起无所不在的社交网络（场所、活动、组织），大大提升突破性创新产生的概率。科技城投资集团只是科创中心的舞台搭建者，并不干预企业管理。东伦敦科技城在促进伦敦转型为科创中心的过程中起着关键作用。如今，伦敦已是全球竞争力仅次于硅谷的国际科创中心。风险融资规模、独角兽企业数量都在欧洲遥遥领先。

伦敦优势的高新技术产业是在既存资源和产业基础上衍生而来的，主要是金融科技、生命健康、绿色科技、数字教育、人工智能等。伦敦现已是全球第一的金融科技中心，是在全球规模最大的金融中心的基础上，利用数字科技发展起来的初创公司集群，创始人多为金融界精英。这是伦敦金融城（City of London）与东区科技城（Tech City）的知识融合。伦敦利用"金三角名校"（英国剑桥、牛津及伦敦三个城市的六所顶尖研究型大学，分别是剑桥大学、牛津大学、伦敦帝国学院、伦敦大学学院、伦敦国王学院和伦敦政治经济学院）提供的欧洲最大的生物科技人才库，以及伦敦集聚的医疗资源，建设医学城（Med City），现已成为仅次于美国波士顿、硅谷的全球第三大生命科学中心。这是大学城与科技城的知识融合。伦敦提出 2030 年前实现零碳排放，2050 年前实现零废弃物的目标，因此政府也支持绿色科技领域的人才引进与融资，孵化优质的绿色科技公司。

五、法国巴黎

巴黎位于巴黎盆地中央，塞纳河贯穿其中，是法国的政治中心、经济中心、时尚中心、教育中心等，人口约 1200 万。巴黎向科创中心转型也在金融危机之后。2008 年，法国高等教育和研究部启动"大学校园计划"，巴黎市区一批高校迁往萨克雷高地（巴黎西南 19 千米处）。法国政府、巴黎大区政府提出在萨克雷高地建设巴黎—萨克雷科技创新中心，占地约 1700 平方千米，配备欧洲高性能模拟和计算能力中心、极端光学跨学科中心、高通量基因组数据处理平台等大科学基础设施。2014 年，巴黎—萨克雷大学建立。它是 2022 年软科世界大学学术排名中居第 16 位的世界一流大学。巴黎科学和技术并重，大学与科学基础设施吸引大公司的研发中心集聚。高地提供了大巴黎地区 40%、全法国 15% 的研究岗位，主要分布在信息工程、光学与复合材料、生物健康和环境三大产业。2017 年，全球最大的孵化器 Station F 在巴黎开业。2022 年 6 月至 2023 年 6 月，英国培育了 9 家独角兽公司，法国 3 家、德国 2 家、瑞典 2 家。巴黎成为欧洲仅次于伦敦的第二大国际科创中心。

虽然巴黎已经转型为国际科创中心，但是还存在一些问题。法国政府认为法国应该全境创新。至今法国境内已有 32 个科技生态社区获得政府认证。因此，巴黎对科创资源、组织的集聚度不高。巴黎的知识、产业相对多元化，知识库的知识种类较多，但知识前沿的深度不够。由于政府对中心的多元管理，导致中心管理效率较低，明显的表现是中心内道路基础设施跟不上，高地与市区之间的交通拥堵。法国大企业在汽车、核电、航空等产业绩效突出，但是中小企业与初创企业科研投入低。风险投资基金发展落后。大学的科研成果转化为生产力也是低效的，众多企业反映不了解大学的研究成果。企业与大学之间的知识网络联系不通畅。大学毕业生从事科技工作的比例低，顶级工程师缺乏，等等。

六、总结

一个国家通常拥有多个国际科创中心。美国除了硅谷，还有纽约、波士顿、西雅图等。日本除了东京，还有横滨等。德国除了慕尼黑，还有柏林等。英国除了伦敦，还有剑桥、牛津等。法国除了巴黎，还有东南部拥有五个世界级大科学装置的小城市格勒诺布尔，等等。每一个国际科创中心，都有自己的区域特色，但同时又深深地带着该国的国家科创体系属性的烙印。通过对美国、日本、德国、英国、法国五个大国的代表性科创中心的研究，我们可以总结以下经验：

第一，自由市场科创体系比协调型市场科创体系更加敏捷。美国、英国奉行自由市场资本主义，由市场来调动资源的使用，信息传递层次直接、速度快，创新主体反应快。德国、日本、法国奉行协调型市场资本主义，政府、工会等力量干预企业、大学、研究机构等创新主体的决策过程，信息传递层次多、速度慢，创新主体反应慢。因此，美国硅谷、英国伦敦的竞争力比日本东京、德国慕尼黑、法国巴黎强。美国硅谷产业结构的演变从半导体到软件、互联网再到生物制药、新能源等多元化产业，英国从金融、教育、医疗医药到金融科技、数字教育、智慧医疗医药、人工智能，都是市场自动选择的过程而非政府规划而来。日本传统的政府对产业结构的规划、引导的方法在信息时代显得并不奏效，反应缓慢。当然，科创体系作为一个公共产品，有为政府必须在此作为，例如，美国政府对硅谷产品的采购，伦敦政府对移民与外资的引进、科技城的建设，等等。虽然美、英是自由市场，但政府在搭建科创平台上也是有所作为的。

第二，科创网络与交通网络、通信网络最好在空间上重叠。科创中心本质上由科创网络组成，科技知识流动也是经由交通网络、通信网络的。因此，科创中心选址最好在经济中心（交通中心、通信中心）的基础上。如果在空地基础上修建科创中心，交通、通信以及城市所有的基础设施需要新建，还不一定能集聚足够的人群形成稠密的社会网络。日本东京郊区的筑波科学城、巴黎郊区的萨克雷高地，都是偏离了原有的交通网络、通信网络，导致后期的各种问题。美国硅谷、英国伦敦、德国慕尼黑的科创集群则充分利用了"邻近效应"，科创网络与交通网络、通信网络、社会网络很好地协同。

第三，允许知识的自由流动是提升国际科创中心效率的根本。新知识是在旧知识整合的基础上衍生的。因此，知识点之间的链接越多，知识整合的次数越多，新知识衍生的增长指数就越高。知识整合的前提必须是知识的自由流动。硅谷的公司裂变、员工跳槽、供应商更换、咖啡馆聊天、开放参观、展会论坛、用户体验、发布会、行业协会、研究联盟等各种正式或非正式的社交网络（社交场所、活动与组织），就为知识的自由流动提供了传播通道。硅谷能成为世界第一的科创中心，最根本的优势就在于创造出允许知识自由流动的制度。

第四，海外移民与外商直接投资是提升科创中心效率的两大利器。多元化的知识和文化，不同国家的知识和文化碰撞在一起，更容易产生颠覆式创新。海外移民还带来了海外的社会资源，这既有利于全球化产品的设计、生产，也有利于全球化产品的营销。所以，硅谷产品设计一开始就是面向全世界市场的。先是全球化，然后是本地化。这与工业化时代产品先是国内生产国内销售、然后走向世界的路径是相反的。硅谷产品占领世界市场的速度更快。英国伦敦也有过半的外籍科研工作者。而那些绿卡发放程序复杂、引进外籍员工少的科创中心，全球化就慢，竞争力也弱。德国慕尼黑、法国巴黎、日本东京吸收海外移民就不如硅谷、伦敦。吸收外商直接投资，利用知识外溢，可以加快本地产业升级。德国慕尼黑、英国伦敦引进美国的数字企业，加速了慕尼黑制造业、伦敦服务业与数字技术的结合，推动了慕尼黑工业4.0，以及英国金融科技、智慧医疗、数字教育发展。

第五，充分考虑工程师、科学家、企业家、普通员工的各种需求。在硅谷，卓越工程师是文明的创造者。工程师比资本家社会地位更高，掌握的知识和技能更多。因此，卓越工程师对决策权的需求是制度需要满足的。科学家需要自由探索，需要安静的工作环境，大学校园可以满足其需要。科学家有创业需求的，制度也需要满足。企业家需要自由、平等、高效服务的营商环境，政府需要营造这样的营商环境。企业家需要社会分担创业失败的风险，风险投资可以满足其需要。普通员工有被尊重的心理需求，有与企业成长共享成果的利益诉求，期权制度可以满足员工激励的需要。无论是工程师，还是科学家、企业家、普通员工，他们都需要美好生活，因此构建花园式城市、浪漫都市、时尚都市，也是应有之义。

第六，科创中心走在区域发展的前面，中心内部各区域协同发展。每个国家发展科创中心的初衷，都是提升国家的整体竞争力，希望科创中心能带动周边区域的发展。然而，美国硅谷只是美国科创体系的个例，美国还有大片大片的平凡区域。英国伦敦、日本东京都处于一个二元社会里。英国社会一元是受教育程度很高的精英阶层，一元是高等教育尤其是职业教育不足的普通工薪阶层。日本一元是绩效很好的出口部门，一元是落后的内销部门。伦敦是精英阶层集聚地，东京是出口部门集聚地。伦敦与周边的普通工薪阶层集聚的区域、东京与周边的内销部门集聚的区域，呈现出差异明显的二元空间格局。德国也是如此。法国实施全境创新，区域差异没那么明显。在科创中心内部，像硅谷"北生物、南IT"的空间协同，伦敦的金融城、科技城、医学城、大学城的协同，还有慕尼黑以大学各校区分散格局上构建的地理邻近的各个能力发展中心的协同，都做到了科创中心内部的协同发展。东京筑波科学城与东京都之间，巴黎市区与萨克雷高地之间，由于地理距离偏大，所以协同效应较弱。

第七，科创中心高房价倒逼科创主体提升竞争力。无论是硅谷，还是东京、慕尼黑、伦敦东区、巴黎，随着科创中心的发展、区域竞争力的提升，区域创新所要求的区域租金也在上涨，房价、租金和物价都在上涨。越来越高的生活成本，使得那些没那么优秀的、付租能力较弱的科研工作者、科创组织往外围迁移。这个优胜劣汰的选择过程，既完成了科创中心的产业结构调整，也倒逼了科研工作者更加努力地工作，才能在科创中心存活下去。硅谷半导体产业外迁至亚洲、部分工厂迁出硅谷外围，伦敦东区画廊西迁，都是很有代表性的案例。

第二节　区域—国际科技创新中心的理论构建

一、概念

国际科技创新中心按空间范围大小分为两个层次：国家—国际科技创新中心、区域—国际科技创新中心。笔者把国家—国际科技创新中心界定为：集聚世界25%以上的科技成果的国家科创系统。至于区域—国际科技创新中心，如美国硅谷、日本东京、德国慕尼黑、英国伦敦、法国巴黎，等等，区域的科技成果占有世界的多少比重，或占有国家的多少比重，学术界并没有明确的量化。因此，笔者对区域—国际科技创新中心的内涵也是从定性上来界定：与外国输入输出知识、高新技术产品或服务，具有国际影响力的开放式区域创新系统。

区域—国际科技创新中心也是多个层次的创新系统的融合体：全球的、国家的、区域的、城市的、技术的、部门的，等等。由于国界的政治影响，区域—国际科技创新中心天然地带着国家创新系统的多种属性。如硅谷、伦敦的自由资本主义，慕尼黑、东京、巴黎的国家资本主义。如果按市场制度来分，区域—国际科技创新中心又可以分为自由市场的国际科创中心、协调市场的国际科创中心，还有中国特色社会主义市场的国际科创中心，等等。

区域—国际科技创新中心的经济地理特性又非常突出，如硅谷的地中海气候吸引全世界的精英，伦敦在世界最大的金融市场上衍生的世界第一的金融科技，等等。按照气候划分国际科创中心，或者按照主导产业分，同一个国际科创中心又有不同的归属。分类方法一定要能穷尽所有的科创中心，才是科学的分类。例如，以外贸依存度来划分国际科创中心，就肯定覆盖所有的国际科创中心。

在对国家—国际科技创新中心的论述中，笔者尝试提出四个命题：自由市场有助于提升科创中心效率；开放网络有助于提升科创中心效率；自主创新是可持续发展的必要条件；政府有责任建设开放式国家科创系统。这四个命题对于国家—国际科技创新中心层次上成立，对于区域—国际科技创新中心上也成立。但是，在区域层次上，区域—国际科技创新中心的运行又呈现一些新的现象和规律，例如，科学城、大学城或者高新技术产业园的集聚机制，基于邻近效应的社会网络，等等。关于区域—国际科技创新中心，提出以下假设命题。

二、假设命题及其逻辑机理

（一）科创中心与经济中心一体或邻近是有效率的区位选择

科创中心是科创主体在空间上集聚形成的知识网络。知识流动经由人携带隐性知识流动或者经由光纤携带编码知识流动。这样的话，人与人之间形成的社会网络、完成人的物理位移的交通网络和电子数据传播的通信网络与知识网络是重合的。传统农业社会依靠土地加农民创造财富。工业社会依靠资本、工人和技术创造财富。信息社会依靠知识、创新创造财富。知识网络在信息社会是发展的核心引擎。从前述对硅谷、伦敦等科创中心的研究可知，科创中心与经济中心并不是两个不兼容的东西。科创中心也可以从原有的工业中心、金融中心演化而来。

推动科创主体集聚的依然是集聚机制：共享、匹配、学习。共享各种城市设施、要素市场、供应商、销售市场等。匹配各种相互合作的要素，组建新的组织。通过相互传授、交流、外溢，学习吸收新的知识，等等。集聚经济依靠地理空间上的邻近、制度上的邻近（信任），交通网络、通信网络、社交网络、知识网络相互叠加，运作得更有效率。前述案例，硅谷、慕尼黑、伦敦利用地理邻近效应，有效地配置了产业布局，如硅谷北生物、南 IT，慕尼黑多个邻近的能力中心，伦敦金融城、大学城、科技城、医学城相互之间的协同。东京筑波科学城由于偏离了东京都 60 千米，造成了知识网络的断层，法国巴黎郊外 20 千米的萨克雷高地建设的科创中心也有类似的知识网络断层。

（二）允许知识自由流动是推动科技进步的根本

知识库方法把知识分为基于科学的分析型知识、基于工程的综合型知识、基于艺术的符号型知识。分析型知识可以编码传播，更有利于颠覆性创新。综合型知识、符号型知识更依赖于人与人之间面对面的传播，更有利于渐进式创新。无论哪种知识，允许自由流动才能重新组合、衍生新知识。知识自由流动与人才自由流动，从知识库方法来看，都是推动科技进步的根本。跨界的知识更容易产生颠覆式创新，所以知识库的种类越多，来源越国际化，更容易产生颠覆式创新。硅谷的案例充分证明了公司裂变、员工跳槽、供应商更换等知识自由流动的优势。

（三）海外移民与引进外资是知识引进的两大利器

海外移民和海外资本带来了本地知识库所缺少的知识。海外知识与本地知识的碰撞更容易产生新知识。前文案例中的伦敦、慕尼黑借助美国的信息技术企业谷歌、英特尔、苹果等，助推了本地产业的数字化转型。如今全球都在抢顶尖人才、抢世界 500 强企业，这就需要本地提供顶尖人才与世界 500 强企业所需要的各种条件。慕尼黑政府在招商引资上做出了很大的努力，出售了国有股权的收益用来招商引资，为微软的引进提供了各种额外的便利。

（四）满足各类人才的需求是科创中心效率的保障

科创中心是科创人才集聚的俱乐部。哪个城市把这个俱乐部经营得好，就门庭若市、人才济济。硅谷，容纳了全世界各种肤色的人才。硅谷，是世界的硅谷。硅谷拥有满足卓越人才实现自我的各种条件：诺贝尔奖的大科学家是邻居，路上随时遇到黄仁勋这样的卓越工程师，充足的风险资本，包容多元的文化，顶尖的创业型大学，还有地中海气候的阳光、沙滩，平等、自由的营商环境，透明公开的政务，等等。各类优秀人才的集聚，无数的新想法就很快由种子进化成改变世界的产品。全世界的科创中心建设都在对标硅谷，吸引各类海外人才。

三、实践指导方向

地方政府在建设区域—国际科技创新中心时，与建设国家—国际科技创新中心不一样的是，首先得搭建舞台：建设国际科技创新中心的物理载体。这通常是一个园区、城市或者城市群。从硬环境上的各种基础设施，到软环境上的各种政策制度，首先都得搭建起来。区域—国际科技创新中心是一个地理空间概念，国家—国际科技创新中心是一个政治国家概念，前者首先要建设物理平台。

然后培育、集聚各种创新资源、创新主体，建设平等、开放、自由的营商环境、市场体系，建设开放的科创网络。英国伦敦科技城投资集团的建设经验就值得我们再三学习。尤其是发放数字产业的技术签证，快速集聚了海外技术精英。还有无所不在的社交场所、活动和组织，构建起轻松愉悦而联系紧密的社交网络、知识网络，使伦敦东区从文创区用了十几年时间就蜕变成了国际金融科技中心。

参考文献

［1］吴军．硅谷之谜［M］．北京：人民邮电出版社，2016．

［2］安妮卡·施泰伯，斯瓦克·奥林格．硅谷秘密：创业成功的基因［M］．广州：广东经济出版社，2022．

［3］陈强，王浩，敦帅．全球科技创新中心：演化路径、典型模式与经验启示［J］．经济体制改革，2020（3）：152-159．

［4］张婷麟，孙斌栋．全球城市的制造业企业部门布局及其启示：纽约、伦敦、东京和上海［J］．城市发展研究，2014（4）：17-22．

［5］杨东亮，李春凤．东京大湾区的创新格局与日本创新政策研究［J］.

现代日本经济，2019（6）：80-92.

　　[6] 葛诺，白旭，陈政霖，等．创建科学城过程中如何防止"筑波病"？——日本筑波科学城发展的历史经验、教训及启示 [J]．中国软科学，2022（9）：74-84.

　　[7] 萨珀斯坦，罗斯．区域财富：世界九大高科技园区的经验 [M]．北京：清华大学出版社，2003.

　　[8] 蓝海长青智库．德国硅谷慕尼黑如何吸引初创企业和科技巨头？[EB/OL]．https：//www. 163. com/dy/article/GI3D4PGF0511DV4H. html.

　　[9] 华高莱斯．从文化创意到科技创新：伦敦东区变形记 [EB/OL]．https：//baijiahao. baidu. com/s？id＝1737839828523041119&wfr＝spider&for＝pc.

　　[10] 英伦投资客．伦敦成全球科创第二城！秘密其实在这里 [EB/OL]．https：//m. 163. com/dy/article/GTCU4JO20515BVVN. html.

　　[11] 新华社客户端．经参看世界：法国"科技之都"支持科创企业 [EB/OL]．https：//baijiahao. baidu. com/s？id＝1761575263149739501&wfr＝spider&for＝pc.

　　[12] 英伦投资客．全球第三，英国科技今年已吸金 647 亿！仅次于美国中国 [EB/OL]．https：//www. 163. com/dy/article/I8OD6JGQ0515BVVN. html.

　　[13] 光明网．法国国际科技创新中心建设的启示：如何规避"萨克雷泥沼" [EB/OL]．https：//baijiahao. baidu. com/s？id＝1769352018401864361&wfr＝spider&for＝pc.

　　[14] [挪威] 比约恩·阿什海姆，[挪威] 阿尔内·伊萨克森，[奥] 米夏埃拉·特里普尔．区域创新体系概论 [M]．上海市科学学研究所译．上海：上海交通大学出版社，2020.

第八章　粤港澳大湾区城市竞争优势的比较分析

海洋运输加快现代科技文明的传播，大航海开启全球化与湾区经济时代。粤港澳大湾区（以下简称"大湾区"）空间格局正向"9+2=1"的一体化推进，其中东岸比西岸水深条件更优，经济更发达，一体化程度更高。整体而言，大湾区11座城市个体差异较大，每个城市如何发挥个体独特的竞争优势以实现城际战略对接，协同为更可持续发展的科创与经济共同体，这是一项迫切而有价值的课题。笔者尝试引进一般双钻石模型（Generalized Double Diamond Model，GDDM），构建城市核心竞争优势分析的理论，并通过翔实统计数据，运用综合评价法，比较分析粤港澳大湾区11座城市的竞争优势。

第一节　基于 GDDM 模型的城市竞争优势理论构建

一、竞争优势理论的演变

城市核心竞争优势理论可追溯至不断演变的国际贸易理论，即每个国家发展具有竞争优势的产业，只是每种国际贸易理论强调的竞争优势源泉不一样。1990年，Porter提出的国家竞争优势理论，几乎统一了以往所有的贸易因素：要素禀赋、人力资源、技术创新、市场偏好、规模经济、不完全竞争、关联产业、产品生命周期等，后续得到了广泛的应用，并且得到了两类追随者的不断完善。

一类追随者增改贸易因素。如 Stopford 等将政府变量内生化，因为政府，尤其是发展中国家政府在国际经贸关系、产业政策、营商环境、基础设施建设中起着举足轻重的作用；Dunning 把跨国公司作为外生变量加入模型；Cho 构建九因素模型，在传统的物理因素基础上，增加工人、"政治家和官僚"、企业家和专业人士四类人文因素，以更好地解释人（尤其是政府）对竞争优势的作用；Cho 等把跨国公司作为决定性内生变量；Carayannis 等提出一个更系统的、创新导向的竞争优势模式，认为公司识别、谈判、建立网络和技术进步的能力是竞争力的核心；Zhang 等把可持续发展、跨国公司加入钻石模型，形成国际可持续工业竞争力模型。这些创新理论为笔者的城市定位模型提供新的思想素材。

另一类追随者增改模型解释的空间范围。如 Rugman 等创建双钻石模型，解释加拿大公司如何集成利用"加拿大钻石""美国钻石"；Moon 等将两国之间的双钻石模型拓展到一国与世界之间的一般双钻石模型，认为一国产业竞争力由国内钻石与国际钻石共同决定。Cho 等将九因素模型与一般双钻石模型合一，创建二体双钻石模型（Dual Double Diamond Model，DDDM）；Beleska 等更进一步，创建区域二体双钻石模型（Regional DDD Model，RDDDM），认为国家竞争优势应从超越国界的区域一体化中寻找。这些理论展示了"国家钻石"在全球化中的多层次性，其中一般双钻石模型逻辑最为简洁、明晰。

二、GDDM 模型在城市竞争优势分析中的应用与拓展

竞争优势理论的两类追随者与时俱进地对模型进行完善，使得模型对现实的解释力越来越强。一般双钻石模型简洁、实用，只需区分国内外"钻石"；DDDM、RDDDM 似乎有点过于复杂。笔者引进简洁的 GDDM 模型分析城市竞争优势，在此基础上做一些拓展：第一，拓展城市钻石的空间层次。要素、商品与服务的城际流动比国际流动更快捷、高效，城市竞争优势更容易受到上层的区域"钻石"、国家"钻石"，或者平层的邻近城市"钻石"，甚至下层的集群"钻石"、园区"钻石"的影响，因此，城市"钻石"比国家"钻石"更具层次性。第二，深化"钻石"元素的内涵。政府是制度的供给者，制度影响竞争力，所以政府元素增加市场制度、营商环境、政治制度（如"一国两制"）等因素；生产要素元素增加科创系统、信息网络、运输系统等因素。

第三，增加竞争的敏捷性度量。时间、成本与质量是考察产业竞争力的 3 个维度，消费者、企业与政府的敏捷性决定城市竞争力。第四，考察城市的成长性。城市竞争系统是动态的、不断演化的，一个学习能力强的城市可以不断强化原有竞争优势、创造新的竞争优势。第五，考虑城市的绿色发展、可持续发展。

第二节　数据与方法

衡量城市竞争优势有显示性指标综合评价和多因素综合评价两种方法，笔者采用地区生产总值（GDP）、人均 GDP、地均 GDP 等显示性指标综合评价城市竞争力，然后，通过 GDDM 模型分解城市竞争优势的各因素。如无特别说明，本章的实证数据均来源于《广东统计年鉴 2021》、香港政府统计处官方网站、澳门统计暨普查局官方网站。由于统计数据具有相对的稳定趋势，采用最新一期统计的 2020 年截面数据（见表 8-1），对大湾区 11 座城市的竞争优势做横向的比较分析，以地区生产总值指数来判断城市竞争力的成长性，以单位地区生产总值的电力消费量来判断城市绿色发展。将实证对象分为大湾区东、西岸两部分。

表 8-1　2020 年粤港澳大湾区主要城市的经济指标

城市	土地面积/平方千米	GDP/亿元	人均 GDP/（元/人）	年末人口/万人	港口集装箱吞吐量/万标准集装箱	出口额/亿美元	进口额/亿美元	单位 GDP 的电力消费量/（瓦·时/元）
香港	1110	27107[①]	362310[①]	743	1797	5505	5064	16
澳门	33	1944[②]	285314[②]	68	12	14	116	28
广州	7249	25019	135047	1874	2351	782	594	40
深圳	1997	27670	159309	1763	2655	2453	1956	36
珠海	1736	3482	145645	245	184	232	163	55
佛山	3798	10816	114157	952	405	598	135	66
惠州	11347	4222	70191	606	46	244	116	106

续表

城市	土地面积/ 平方千米	GDP/ 亿元	人均GDP/ （元/人）	年末人口/ 万人	港口集装 箱吞吐量/ 万标准集 装箱	出口额/ 亿美元	进口额/ 亿美元	单位GDP的 电力消费量/ （瓦·时/元）
东莞	2460	9650	92176	1048	380	1195	726	91
中山	1784	3152	71478	443	142	262	57	100
江门	9507	3201	66984	480	167	163	44	97
肇庆	14891	2312	56318	412	58	43	16	79

注：①为港币，②为澳元。

第三节　实证分析

一、东岸城市集聚高端要素，主要发展新兴产业

（一）香港

2020年香港GDP位于深圳、广州之后，但香港人均GDP还是大湾区最高。2020年香港被全球化与世界级城市研究小组与网络（GaWC）评为世界一线城市第三位。生产要素方面，高端要素集聚支持知识密集型服务业发展。香港拥有世界三大天然良港之一——维多利亚港；拥有全世界最繁忙的国际货运机场。香港是跨国公司亚太总部首选地、2020年全球第三大外来直接投资目的地。香港拥有5所世界百强大学，知识丰裕。香港5G覆盖范围全球第一。市场需求方面，本土市场狭小，服务业高度依赖国际市场，2020年出口依存度为158%，进口依存度为145%，都为大湾区最高。离岸贸易是香港第一大贸易方式，2019年香港51%的跨国公司地区总部从事进出口、批发及零售业，是离岸贸易的最主要主体。关联产业方面，四大优势产业为金融、旅游、贸易及物流、专业服务及其他工商业支援服务，均为服务业。2020年香港GDP的93.4%来自服务业，1.1%来自制造业，其工业已北迁至珠三角。2021年，香港特区政府宣布将在元朗区、北区打造北部都会区，以科技创新推动香港再工

业化。携手深圳发展占地少的智能制造，融入国际科创网络，是香港未来新的增长极。国家"十四五"规划中提出支持香港发展八大中心。竞争行为方面，香港是全球最自由的经济体，市场竞争充分。香港拥有亚太地区最佳的营商环境。政府管理方面，中央对香港拥有全面管制权，香港特区政府享有高度自治权，《香港国安法》实施和香港特区选举制度完善以后，香港重新回到"一国两制"正轨上。机会方面，背靠内地这一全球最大市场，大湾区建设、"一带一路"建设有助于香港融入国家发展大局，基于香港的全球网络带动创新要素流动将助力大湾区国际科技创新中心建设；核心竞争优势来源于其全球化的服务网络。

（二）深圳

2020 年深圳 GDP 在大湾区最高，约占 25%，虽然人均 GDP 比不上港澳，但在珠三角最高；地均 GDP、人口密度在珠三角遥遥领先，拥有巨大的要素集聚能力。生产要素方面，大规模的高素质人才支持科创中心建设，人口素质高且年轻，根据第七次中国人口普查（以下简称"七普"）数据，深圳每 10 万人口中有 28849 人受过大学教育，为珠三角最多；劳动年龄人口数占比超过 90%；外资与研发资本丰裕度在珠三角最高，实际使用外商直接投资（FDI）占珠三角的 38%，规上工业企业 R&D 经费内部支出占珠三角的 48%；2019 年，全社会研发经费占 GDP 比重为 4.93%。深圳还拥有深交所，是创投之都。市场需求方面，优良深水港支持开放型科创中心与经济中心建设。2020 年，深圳出口额连续 28 年全国领先，港口集装箱吞吐量在大湾区最大。承载大规模交通流的深莞穗交通网络也为内循环提供坚实的基础支撑。关联产业方面，拥有珠三角最高端产业结构。2020 年，在规上工业增加值中，先进制造业占 71%，高技术制造业占 67%，重工业占 83%，比重都是珠三角最高，其中计算机、通信和其他电子设备制造业占 59%，"一业独大"。竞争行为方面，高新技术企业、大型企业是市场竞争主体，头部企业高度集聚。2020 年，全市高新技术企业共 18650 家，数量在珠三角中遥遥领先；大型企业创造规上工业增加值的占比为 64%，领先广州的 57%、惠州的 55%。2021 年，拥有世界 500 强企业 8 家，领先广州的 5 家、佛山的 2 家、珠海的 1 家；拥有广东制造业 500 强企业 106 家、100 强 45 家，都为珠三角中最多。政府管理方面，以"有限政府"助推有为政府和有效市场结合，法治化营商环境在珠三角中领先。2019 年，中共中央、国务院印发《粤港澳大湾区发展规划纲要》《中共中央　国务院关于支持深圳建设中国特色社会主义先行示范区的意见》，深圳进入"双区驱动""双区叠加"的政策黄金时期。机会方面，第四次工业革命、大湾区综合性国家科学中心建设、香港北部都会区建设为深圳提供科技红利，深圳正在成长为大湾区新的知识中心，与传统的知识中心香港、广州正在形成紧密的知识创新网络，"广州—东莞—深圳—香港"这条大湾区东岸的创新集聚带为深圳提供了更多元、更密集的创新来源；核心竞争优势来源于其科技创新网络。

（三）东莞

东莞是大湾区最有潜力的城市。2000 年以后，东莞的 GDP 增长速度在大湾区最快，以 2000 年为基数 100，2020 年东莞 GDP 指数为 961，地均 GDP、人口密度在珠三角中仅次于深圳，要素集聚能力强。生产要素方面，大量廉价初级劳动力为制造名城提供支撑，根据"七普"数据，东莞每 10 万人口中接受中学教育的有 64498 人，为珠三角最多；2020 年就业人员平均工资、在岗职工平均工资为珠三角最低；2019 年，全社会 R&D 经费占 GDP 的 3.06%，仅低于深圳、珠海，较高强度的研发经费投入为未来的智能制造提供科技支持。市场需求方面，产品高度依赖海外市场，2020 年出口依存度为 85%，进口依存度为 51%，为珠三角最高，进口额、出口额仅次于深圳。东莞首创的加工贸易企业不停产转为三资企业，也为东莞内循环提供了制度支撑。关联产业方面，东莞与佛山是大湾区的两大工业城市，东莞工业占 GDP 比重为 51%，略低于佛山的 53%，在规上工业增加值中计算机、通信和其他电子设备制造业占 34%，"一业独大"。竞争行为方面，东莞产业"多而不强""只见星星，不见月亮"。2020 年，规上工业企业有 11525 家，数量为珠三角最多，其中 78 家企业位列广东制造业 500 强、5 家企业位列 100 强，但均未进入世界 500 强之列。企业注重科技创新，2020 年高新技术企业数量为 6381 家，仅少于深圳、广州。政府管理方面，处于粤港澳大湾区、深圳建设中国特色社会主义先行示范区、广东省制造业供给侧结构性改革创新实验区三区叠加的政策红利期，松山湖科学城纳入综合性国家科学中心先行启动区。机会方面，第四次工业革命为东莞的智能制造提供科技红利；核心优势来源于其丰裕的初级劳动力与全球生产网络。

（四）惠州

惠州是大湾区东岸竞争力最弱的卫星城市。2020 年，惠州 GDP 在大湾区排名第六，但人均 GDP、地均 GDP、人口密度在大湾区排名第九，仅领先江门、肇庆。生产要素方面，要素质量低，每 10 万人口仅有 12322 人接受过大学教育，在珠三角排名第七；全社会研发经费占 GDP 比重为 2.62%，在珠三角排名第六；土地面积在珠三角排名第二。市场需求方面，外向度较高，外商占出口额的 77%、进口额的 69%；工业资本来源国际化，港澳台投资工业占规上工业增加值的 28%，仅低于江门。关联产业方面，工业结构类似深圳，在规上工业增加值中，重工业占 76%，仅低于深圳；计算机、通信和其他电子设备制造业占 38%，"一业独大"。竞争行为方面，以大型工业企业为主，大型企业工业增加值占规上工业增加值的 55%，在珠三角排名第三。政府管理方面，中科院两大国之重器落户惠州。机会方面，"双区"建设、"双城"联动为惠州带来更多的要素外溢；核心优势来源于其临近港深、临近海洋的广阔土地，开放度较高，招商引资潜力巨大。

二、西岸城市高端要素稍欠，主要发展传统产业

（一）广州

广州在地理上衔接大湾区的东、西岸，GDP 在大湾区排名第二，但人均 GDP、地均 GDP 在大湾区排名第五，发展效益逊于发展规模；发展速度落后，以 2000 年为基数 100，2020 年 GDP 指数为 778，在珠三角仅快于肇庆、江门。生产要素方面，拥有大规模的大学生，每 10 万人口有 27277 人接受大学教育，仅少于深圳；研发投入不突出，全社会研发经费占 GDP 的 2.87%，落后于深圳、珠海和东莞，位列第四；企业 R&D 经费占全社会研发经费的 64%，为珠三角最低，其中规上工业企业研发经费占 GDP 的 1.26%，仅高于肇庆；政府部门属的研发经费支出突出，在珠三角 2020 年县级及以上政府部门属研究与开发机构科技经费支出中的占比为 60%。广州的科创网络比深圳更加内向，以辐射珠三角为主，外向的科创合作也主要集中在高校与科研院所。市场需求方面，外向度不高，出口依存度为 21%，仅高于肇庆；进口依存度为 16%，在珠三角排名第五。关联产业方面，服务业主导，占 GDP 比重达 72%，为珠三角最高；批发和零售业，房地产业，金融业，信息传输、软件和信息技术服务业，教育，交通运输、仓储和邮政业等，是增加值最大的细分行业，分别占 GDP 的 12.96%、11.72%、9.07%、6.69%、5.56%、5.25%，其中交通运输、仓储和邮政业相对于广东的区位熵（专业化系数）高达 1.73。广州处于广东、

大湾区的地理中心，陆路交通通达为广州服务业发展提供了天然优势，其在陆路综合交通可达性下的国家中心城市对外经济联系强度位于国内国家中心城市之首，达21003，领先上海的16202、天津的10569、北京的9202。但工业化速度为珠三角最慢，以2000年为基数100，2020年规上工业增加值指数仅为905。工业结构高级化位于珠三角中游，在规上工业增加值中，先进制造业占58%（第四名），高技术制造业占15%（第五名），汽车制造业占27%，"一业独大"。竞争行为方面，工业企业以国有控股、外商投资企业为主体。在规上工业增加值中，国有控股占36%，外商投资占42%，比重都是最高；拥有世界500强企业5家，其中4家是国企。工业企业竞争力较强，有广东制造业500强企业65家，排名位于深圳、东莞和佛山之后；有广东制造业100强企业16家，高企11610家，数量少于深圳。政府管理方面，国家、广东省大力支持广州实现"老城市新活力""四个出新出彩"，支持广州与深圳联动，推动省直部门将赋予深圳的优先权利一并赋予广州。机会方面，数字经济与人工智能将提升广州服务竞争力；核心竞争优势来源于其服务于广东的区域服务网络。

（二）佛山

佛山的竞争力位于大湾区的中游。2020年佛山GDP在大湾区排名第四，人均GDP、地均GDP、人口密度排名第六。生产要素方面，要素质量中等、工资居中。在珠三角地区，根据"七普"数据，佛山的大学生人数排名第四，全社会研发经费占GDP比重排名第五，就业人员平均工资排名第五。市场需求方面，外向度低，缺乏优良海港，在珠三角地区，出口依存度排名第六，进口依存度排名第八，实际使用FDI数排名第七。关联产业方面，以轻工业为主。工业产值占GDP的53%，在规上工业增加值中轻工业占54%、中型企业占30%，这3项指标在珠三角最高；产业现代化程度低，在规上工业增加值中，先进制造业占49%，在珠三角排第六，高技术制造业占5.4%，在珠三角最低，电气机械和器材制造业占28%，"一业独大"。《粤港澳大湾区发展规划纲要》提出，以佛山、珠海为龙头建设珠西先进装备制造产业带。竞争行为方面，民营经济发达。股份制工业占规上工业增加值的69%，仅低于深圳；拥有世界500强企业2家，美的、碧桂园都为民企；拥有国有高新技术企业5718家，在珠三角排名第四；拥有广东制造业500强76家、100强11家。政府管理方面，是全国唯一的制造业转型升级综合改革试点；广佛进入全域同城化阶段。机会方面，第四次工业革命为佛山智能制造提供科技红利；核心竞争优势来源于其内向度较高的民营制造业。

（三）肇庆

肇庆是大湾区内竞争力最弱的城市，离海洋、港深最遥远，人均 GDP、地均 GDP、人口密度都是大湾区最低，GDP 仅高于澳门。生产要素方面，要素质量低、土地多，每 10 万人口中只有 8766 人接受过大学教育；全社会研发经费占 GDP 的 1.1%，都为珠三角最低；但拥有珠三角最大的土地面积。市场需求方面，外向度最低，出口依存度仅为 12%，进口依存度仅为 4%。关联产业方面，以资源密集型产业为主，农业占 GDP 的 18%，为珠三角最高；在规上工业增加值中，非金属矿物制品业占 17%；金属制品业占 13%；先进制造业占 31%，为珠三角最低；高技术制造业占 10%，在珠三角排名第八；服务业占 GDP 的 42%，为珠三角最低。竞争行为方面，以小微企业为主。在规上工业增加值中，小微型企业占 44%，为珠三角最高；大型企业占 27%，为珠三角最低。有规上工业企业 1321 家，高企 693 家，广东制造业 100 强 2 家，都为珠三角最少。工业化速度珠三角最快，以 2000 年为基数 100，2020 年规上工业增加值指数为 2738，在珠三角遥遥领先。政府管理方面，制造业领域优先招商引资，打造新能源汽车、电子元器件、绿色建材等 8 个产业集群。机会方面，广深联动、深圳"双区建设"将为肇庆带来更多的外溢要素；核心优势来源于其广袤土地和矿产资源，可以大规模承接制造业转移。

（四）澳门

澳门是大湾区富有竞争力的微型经济体，人均 GDP 仅低于香港，地均 GDP、人口密度为大湾区最高，但 GDP 总量最少。生产要素方面，要素质量高，高等教育就学率达 95%，但修读理工、医学的只占 13%，科创氛围较淡。市场需求方面，博彩旅游业高度依赖区外游客，出口依存度最低，为 5%，进口依存度较高，为 47%。关联产业方面，以博彩旅游业为主导，服务业占 GDP 的 95%，博彩业占 GDP 的 50%，"一业独大"。在内地的企业集聚在大湾区西岸，主要为制造业。根据全国第四次经济普查结果，2018 年澳门企业在粤全年收入为 1582 亿元，制造业和批发及零售业分别占 60%、20%。竞争行为方面，为世界第一赌城，截至 2020 年底，共有 6 家享有博彩经营权的博彩公司；会展、中医药、金融业是优势产业。政府管理方面，中央对澳门特区拥有全面管治权，"澳人治澳"、高度自治；横琴粤澳深度合作区建设深入推进。

机会方面，国家"十四五"规划、大湾区建设、"一带一路"建设促进澳门深度融入国家发展大局；横琴粤澳深度合作区对于澳门拓展物理空间、产业适度多元化以及科教国际化都具有重大意义；核心优势在于其博彩旅游业。

（五）珠海

珠海是竞争力较强的滨海小城，人均 GDP 在大湾区排名第四，GDP、地均 GDP 排名第六，人口密度排名第八，要素集聚能力不强，人口与土地在珠三角为最少。生产要素方面，要素质量高，每 10 万人口接受过大学教育的有 25752 人，在珠三角仅次于深、穗；全社会研发经费占 GDP 的 3.15%，仅次于深圳。市场需求方面，开放度高，出口依存度为 46%，在珠三角排名第四，进口依存度为 32%，在珠三角排名第三；外商投资占规上工业增加值的 26%，仅次于广州。关联产业方面，珠海作为西岸先进装备制造产业带龙头，在规上工业增加值中，电气机械和器材制造业占 25%，计算机、通信和其他电子设备制造业占 16%，先进制造业占 60%，在珠三角排名第三，高技术制造业占 31%，在珠三角排名第四；服务业占 GDP 的 55%，仅次于深、穗，是西岸的服务中心。竞争行为方面，企业数量少。规上工业企业为 1492 家，数量仅多于肇庆，其中仅格力电器为世界 500 强企业。高企数量为 2101 家、拥有广东制造业 100 强企业 4 家，都在珠三角排名第六。政府管理方面，经济特区、自贸试验区、粤澳深度合作区三区叠加。机会方面，深圳"双区"建设、广深联动、港珠澳大桥"双 Y"建设、深珠通道将提升珠海资源要素与企业的集聚能力；核心优势来源于其比邻港澳、陆海通达的交通区位。

（六）中山

中山是竞争力较弱的滨海小城，在大湾区 GDP 排名第九，人均 GDP、地均 GDP 排名第八，人口密度排名第七。生产要素方面，要素质量中下。根据"七普"数据，中山的大学生人数在珠三角排第五，全社会研发经费占 GDP 比重在珠三角排名第八。市场需求方面，外向度较高，出口依存度在珠三角排名第三；进口依存度在珠三角排名第六。关联产业方面，以轻工业为主。工业占 GDP 的 46%，仅低于佛、莞；在规上工业增加值中，轻工业占 54%，仅低于佛山。其中，电气机械和器材制造业占 24%，计算机、通信和其他电子设备制造业占 10%，主导产业与珠海相似。竞争行为方面，小型企业占规上工业增加值的 37%，仅低于肇庆。政府管理方面，市政府直接管理专业镇的镇域经济，不设区。以深中通道为主要通道，全市域对接深圳。机会方面，"双区"建设、"双城"联动提供更多外溢要素；核心优势在于其轻工业生产网络。

（七）江门

江门是大湾区中竞争力靠后的城市。2020 年，江门 GDP 在珠三角排名第七，人均 GDP、地均 GDP、人口密度在珠三角都排名第八，仅高于肇庆；以 2000 年为基数 100，2020 年 GDP 指数为 614，在珠三角中增长最慢。生产要素方面，要素质量低，根据"七普"数据，江门的大学生人数排名第八，全社会研发经费占 GDP 比重在珠三角排名第七，土地面积在珠三角排名第三。市场需求方面，外向度低，出口依存度、进口依存度在珠三角排名第七。关联产业方面，农业、食品制造业占优。其中，农业占 GDP 的 8%，仅低于肇庆；食品制造业占规上工业增加值的 12%，是全市第一大工业。竞争行为方面，以港澳台投资工业、中小微企业为工业主体。在规上工业增加值中，港澳台投资工业占 36%，该比重在珠三角最高；中小微企业占 65%，仅少于肇庆。无世界 500 强企业；拥有广东制造业 100 强 3 家，在珠三角排名第八；高企数量为 1845 家，在珠三角排名第七。政府管理方面，建设珠西综合交通枢纽江门站、"侨梦苑"华侨华人创新产业聚集区。机会方面，"双城"联动、"双区"建设为江门提供更多的要素外溢；核心优势在于其拥有大湾区唯一的可大规模连片开发土地及第一侨乡资源。

第四节　结论与政策建议

一、结论

通过运用一般双钻石模型（GDDM）对大湾区 11 座城市的竞争力结构进行深入剖析，可以清楚地看到每座城市的核心竞争优势来源：香港来源于全球化的服务网络，是大湾区的国际服务中心；深圳来源于科技创新网络，是国际科技创新中心；东莞来源于丰裕的初级劳动力与全球生产网络，是世界制造名城；惠州来源于临近港深、临近海洋的广阔土地，是大湾区东岸的卫星城市；广州来源于区域服务网络，是广东的区域服务中心；佛山来源于内向度较高的民营制造业，是国家制造名城；肇庆来源于广袤土地和矿产资源，是大湾区西岸的制造基地；澳门来源于博彩旅游业，是世界旅游休闲中心；珠海来源于比邻港澳、陆海通达的交通区位，是大湾区西岸的中心城市；中山来源于轻工业生产网络，是大湾区西岸的工业城市；江门来源于大湾区唯一可大规模连片开发的土地以及海外华侨资源，是华侨华人"双创"之城。

竞争优势理论随着全球可持续发展的热点问题而进化出"绿色竞争力"概念，绿色竞争力既可从绿色生产效率，也可从绿色竞争力评价指标体系来研究，限于篇幅，本章以单一指标单位 GDP 的电力消费量来简单比较大湾区 11 座城市的绿色竞争力，发现：中心城市香港、澳门、深圳、广州单位 GDP 的电力消费量比外围城市更低，其中香港最低，每元 GDP 只需耗电 0.016 度，惠州最高，每元 GDP 需耗电 0.106 度。这可尝试从产业结构效应、绿色技术创新效应及环境规制效应等多元因素去解释，可能是因为中心城市产业更高端、绿色技术更进步，或者环境规制更严格。

二、政策建议

为提升每座城市的竞争力，实现大湾区一体化发展，提出以下政策建议：①香港利用高新科技提升服务业水平，发展智慧服务，推进北部都市区再工业化，向全球主要科技创新型城市转型；②深圳加强基础研究与应用基础研究，确保供应链安全可控，培育引导产生颠覆性技术产品的未来产业并超越硅谷；③东莞通过城市更新吸引高素质人才，推动"机器换人"代替初级劳动力，培育世界 500 强企业；④惠州加大招商引资力度，提升产业集聚度，加强与深圳、东莞电子信息产业协同；⑤广州加快科技体制改革，加快科技成果转化，加大汽车、石化等传统产业研发投入，加快发展新兴产业，建设数字经济集聚区，提升服务业的科技含量；⑥佛山加大新兴产业投资，对接广深港科技创新走廊，提升经济外向度，实行开放式创新；⑦肇庆提升资源开发利用集约度，发展新能源、新材料等资源技术密集型行业，加快融入大湾区，面向广深港招商引资；⑧澳门多元化发展会展、金融、中医药等产业，协同珠海建设横琴粤澳深度合作区；⑨珠海集聚更多的高端要素与企业，利用陆海通达优势，协同广深港澳发展，提升西岸中心城市的首位度；⑩中山培育全国龙头企业，整合专业镇街分散资源，协同周边城市发展湾区级产业集群；⑪江门面向港澳引进生产型服务业，面向深穗引进新兴战略产业，协同珠中打造珠西高水平产业集聚区。

参考文献

[1] Porter M E. The competitive advantage of nations [M]. New York: The Free Press, 1990.

[2] Stopford J M, Strange S. Rival states, rival firms: Competition for world market shares [M]. Cambridge: Cambridge University Press, 1991.

[3] Dunning J H. Internationalizing Porter's diamond [J]. Management International Review, 1993, 33 (2): 8-15.

[4] Cho D S. A dynamic approach to international competitiveness: The case of Korea [J]. Journal of Far Eastern Business, 1994, 1 (1): 17-36.

[5] Cho D S, Moon H C. From Adam Smith to Michael Porter [M]. Singapore: World Scientific, 2000.

[6] Carayannis E G, Wang V. Competitiveness model: A double diamond [J]. Journal of the Knowledge Economy, 2012 (3): 280-293.

[7] Zhang P, London K. Towards an internationalized sustainable industrial competitiveness model [J]. Competitiveness Review: An International Business Journal, 2013, 23 (2): 95-113.

[8] Rugman A M, Dcruz R. The double diamond model of international competitiveness: The Canadian experience [J]. Management International Review, 1993, 33 (2): 17-39.

[9] Moon H C, Rugman A M, Verbeke A. The generalized double diamond approach to international competitiveness [C] //Rugman A M, Broeck V D, Verbeke A. Research in global strategic management: Beyond the diamond [M]. Greenwich: JAI Press, 1995.

[10] Moon H C, Rugman A M, Verbeke A. A generalized double diamond approach to the global competitiveness of Korea and Singapore [J]. International Business Review, 1998, 7 (2): 135-150.

[11] Cho D S, Moon H C, Kim M Y. Does one size fit all? A dual double diamond approach to country-specific advantages [J]. Asian Business & Management, 2009, 8 (1): 83-102.

[12] Beleska S E, Loykulnanta S, Nguyen Q T K. Firm-specific, country-

specific and regional-specific competitive advantages：The case of emerging economy MNEs-Thailand［J］. Asian Business & Management，2016，15（4）：264-291.

［13］赵家章，丁国宁. 香港离岸贸易发展现状及经验借鉴［J］. 首都经济贸易大学学报，2020，22（2）：35-44.

［14］康志男，王海燕. 基于智能制造视角的中国香港再工业化探究［J］. 科学学研究，2020，38（4）：619-626.

［15］陈锡强，赵丹晓，练星硕. 粤港澳大湾区科技协同创新发展研究：基于要素协同的视角［J］. 科技管理研究，2020，40（20）：36-42.

［16］曾宪聚，严江兵，周南. 深圳优化营商环境的实践经验和理论启示：制度逻辑与制度融贯性的视角［J］. 经济体制改革，2019（2）：5-12.

［17］廖创场，李晓明，洪武扬，等. 交通流空间视角下粤港澳大湾区网络结构多维测度［J］. 地理研究，2023，42（2）：550-562.

［18］许培源，吴贵华. 粤港澳大湾区知识创新网络的空间演化：兼论深圳科技创新中心地位［J］. 中国软科学，2019（5）：68-79.

［19］谭裕华，冯邦彦. 金融危机以来东莞加工贸易企业转型升级分析［J］. 科技管理研究，2013，32（20）：66-70.

［20］邱衍庆，钟烨，刘沛，等. 粤港澳大湾区背景下的穗莞深创新网络研究［J］. 城市规划，2021，45（8）：31-41.

［21］韩言虎，蔡佳佳，刘昱辰. 国家中心城市陆路交通可达性及经济联系测度［J］. 统计与决策，2021，37（24）：115-118.

［22］武汉大学横琴粤澳深度合作区研究课题组. 横琴粤澳深度合作区创新驱动发展研究［J］. 中国软科学，2021（10）：1-8.

［23］傅春，王娟，余伟. 环境规制对绿色竞争力的影响机制：基于我国中部地区的实证分析［J］. 科技管理研究，2021，40（22）：223-230.

［24］周杰琦，韩兆洲. 环境规制、要素市场改革红利与绿色竞争力：理论与中国经验［J］. 当代财经，2020（9）：3-15.

第九章　粤港澳大湾区国际科创中心建设的实践与未来之路

第一节　粤港澳大湾区各城市科创系统的比较分析

一、东岸城市科创系统的比较分析

（一）香港

香港凭借维多利亚港的地理优势与自由港的制度优势，开埠以后发展转口贸易，成为远东地区重要的国际贸易中心。抗日战争爆发后，尤其是新中国成立之前，内地一些民族资本、外商洋行陆续迁往香港。朝鲜战争爆发后，以美国为首的西方国家对新中国禁运，香港中转贸易功能直线下降。香港利用内地南下的工业资本、欧美转移的电子工业，发展加工贸易，成就了香港经济第一次转型。20世纪70年代，香港经济快速起飞，成为亚洲"四小龙"之首。香港工业化促进了城市化，房地产业、建筑业繁荣，房地产价格、劳动力成本快速上升。中国内地改革开放后，港资工业转移珠三角，"前店后厂"，香港成为供应链管理的中枢。香港利用联系汇率、普通法、英语普及、国际网络等制度优势，大力发展金融业，成为与纽约、伦敦齐名的国际金融中心（见表9-1）：至1997年，香港服务业增加值已占GDP的92%。"金融、保险、地产及商用服务业""批发、零售、进出口贸易、饮食及酒店业"成为经济系统中的两大产业，增加值分别占GDP的26.5%、26.1%。香港转型为以服务业为主导的全球城市，完成经济第二次转型。

表 9-1　香港主要经济活动占 GDP 比重　　　　　　　　单位:%

主要行业	1980 年	1997 年	2020 年
农业及渔业	0.8	0.1	0.1
采矿及采石业	0.2	0.0	0.0
制造业	23.7	6.5	1.0
电力、燃气及水务业	1.3	2.3	1.4
建造业	6.6	5.8	4.1
批发、零售、进出口贸易、饮食及酒店业	21.4	26.1	20.0
运输、仓库及通信业	7.4	9.3	8.2
金融、保险、地产及商用服务业	23.0	26.5	32.9
社区、社会及个人服务业	12.1	17.4	20.7
楼宇业权	8.9	13.0	11.8
非直接计算的金融中介服务调整	−5.4	−7.2	0.0
GDP（百万港元）	134451	1256182	2563979
GDP 年均增长率（%）	—	14.0	3.2

注：1980 年、1997 年比重是经济活动在以要素成本计算的本地生产总值内所占的百分比，2020 年比重是经济活动在以基本价格计算的本地生产总值内所占的百分比。1980 年、1997 年 GDP 以要素成本计算，2020 年 GDP 以基本价格计算。

资料来源：香港特区政府统计处官方网站。

　　然而，在香港转型为全球城市的过程中，留下了几点弊端。第一点，全球城市最高的房价。港英政府与本地房地产商在回归前把房价炒高，丰盈了港英政府财政收入与以四大家族为主的房地产商的资本收益，但是留下了极高的营商成本、创业成本、生活成本，还有贫富差距过大而造成的社会不稳定。第二点，过度的"去工业化"。1997 年，制造业增加值占 GDP 的 6.5%，到 2020 年，已经下降至 1.0%。工业附加值高，是科技创新的最主要应用场景。过度的"去工业化"让香港经济增长缓慢。转移至珠三角的轻工业港商难以得到香港大学、科研机构的智力支持，转型升级步伐缓慢，回流香港的资本收益增长缓慢，对香港转口贸易、离岸贸易等服务需求增长缓慢。随着当地成本上升，不少港商转移至东南亚成本洼地。第三点，服务业边缘化。服务商与制造商面对面接触更有利于服务质量的提升。《关于建立更紧密经贸关系的安排》

（CEPA）旨在推动香港与内地的货物贸易、服务贸易自由化，但是 CEPA 在解决两地制度接轨上收效不大。内地生产型服务业主体通常是国企，与习惯国际规则、自由市场的港商的对接合作存在制度差异，港商进入内地困难。中国"入世"以后，香港服务也在面临着客源被分流，盐田港、虎门港、广州港等对香港转口贸易都造成冲击。现在香港的国际贸易以离岸贸易为主，附加值比转口贸易更低。因此，在不同关税区与不同的经济制度之下，以服务业为主导的香港经济与内地经济之间存在一条缝隙，这让香港这个全球城市与纽约、伦敦不一样。作为服务中心，纽约、伦敦与周边的服务对象可以自由流通、无缝对接。由于以上弊端，香港缺少一个内在的稳定器。在香港回归祖国以后，先后经历了 1997 年金融危机、2000 年互联网泡沫破裂、2003 年 SARS、2008 年次债危机、2020 年新冠肺炎疫情等外生冲击，经济增长缓慢。如表 9-1 所示，1980~1997 年香港 GDP 年均增长率为 14.0%，1997~2020 年为 3.2%。香港 GDP 在大湾区已经被深圳、广州超越。如今中美贸易关系紧张也在影响香港作为超级联系人的功能。香港需要寻找内生增长动力，建设国际科技创新中心，必须第三次转型。

香港当前拥有一个较为弱小而且不完整的科技创新系统。表现在：

第一，科创活动规模小。2020 年香港的研发开支占 GDP 比重仅达 0.99%。香港的资本热衷于回笼快的项目，对风险大而周期长的高科技投资项目并不擅长。因此，香港的创投资金规模小。香港理工类大学占有大学生 55% 以上，但是经济系统提供的理工类就业岗位却远远满足不了。许多理工类的香港大学生只能去外地发展，或者在金融、贸易、物流等服务业企业从事技术支持工作。香港产业系统对科技人才的再培养也是短板，缺少科技大企业。因此，香港高科技的人才规模也小。香港土地供应极为有限，对于科创用地的供应除了科技园、数码港以外，也是寥寥无几。总之，香港科创资本、人才、用地的规模都很小，这点与香港的经济系统紧密相关。

第二，科创资源高度集中在大学。从表 9-2 中可以看出，香港科创资源高度集中在高校。高等教育机构集中了 53.2% 的研发支出、60.1% 的研发人员。香港拥有 16 所国家重点实验室，占大湾区国家重点实验室数量 45 所的 36%。这 16 所国家重点实验室都属于高校。香港还有 6 所国家工程技术研究中心，其中 5 所属于高校，只有 1 所属于香港应用科技研究院，并没有一所属于企业。香港大学科研水平处于世界顶级水平，但是科研成果转化为生产力落后。

这和大学知识产权制度未能与时俱进有关，也与香港科创中下游缺失有关。

表9-2　2020年按机构类别划分的香港本地研发结构　　　　单位:%

机构类别	研发开支比重	研发人员数目比重	研发资金来源比重
工商	41.6	36.9	45.2
高等教育	53.2	60.1	0.4
政府	5.2	2.9	50.6
香港以外机构	100	99.9	3.9

资料来源：香港特区政府统计处官方网站。

第三，工商机构内部研发主要用于服务产品的开发。香港工商机构研发开支只占香港研发开支的41.6%，研发人员只占香港研发人员的36.9%（见表9-2）。在这比重不高的工商机构内部研发开支里面，只有3.7%的工商机构的研发开支、研发人员分布在制造业，剩下的都分布在服务业，且以资讯与通信业最为集中。资讯与通信业集中了工商机构38.3%的内部研发开支、45.1%的研发人员（见表9-3）。香港工商机构内部研发63.0%用于产品开发，而这些产品主要是服务产品，技术含量并不高。2019年香港PCT专利申请量仅为429件，同期的深圳为17459件，广州为1622件，东莞为3268件。可见，香港的产业科技并不发达。

表9-3　2020年香港工商机构内部研发活动结构　　　　单位:%

行业组别	研发开支	研发人员	基础研究	应用研究	实验开发	
					产品开发	程序开发
制造	3.7	3.7	0.0	25.8	63.6	0.0
进出口贸易、批发及零售以及住宿及膳食服务	29.0	28.7	0.2	19.9	71.0	8.8
资讯与通信	38.3	45.1	0.1	33.9	57.7	8.3
金融及保险、地产、专业及商用服务	27.1	21.0	1.0	31.4	61.5	6.0
其他	1.8	1.5	0.0	25.5	63.9	0.0
总计	100.0	100.0	0.4	28.7	63.0	7.9

资料来源：香港特区政府统计处官方网站。

第四，政府在科创中心建设上起步早、步伐小。香港一直以全球最自由经济为荣。1999年，特区政府设立仅有50亿元的创新及科技基金。2000年，政府正式提出"发展数码港"计划。2002年，启动建设香港科学园。直到2015年，创新及科技局才成立。2022年7月，创新及科技局改名为创新科技及工业局，以期推动香港再工业化。香港政府是香港研发支出的最大金主（见表9-2），50.6%的研发资金由政府提供。香港数码港和科技园两大科创平台也由香港特区政府提供。

第五，科创超级联系人功能受科研资源通关影响。香港本地大学与科研机构高度国际化。香港自由开放的市场、优越的营商环境、发达的资讯网络、低税率、低利率、中西方文化交汇处等区位条件吸引一些海外科研机构进驻香港，如瑞典卡罗琳医学院海外研究中心、麻省理工学院香港创新中心等。香港8%人口为外籍人士，全球社会网络更有利于创新。香港是全球第二大生物科技融资中心，香港数码竞争力全球第二。但是，香港与内地之间的科研资金、数据、样本与设备等跨境流通受到约束，这会影响香港作为科创超级联系人功能的发挥。

香港科创系统的优势在于全球TOP100的五所大学、国际化的科创网络、发达的资讯网络、自由开放的市场、优越的营商环境、领先的医疗福利及子女教育等。劣势在于难以承担的房地产价格、高昂的生活成本、科研资源通关难、制造业空心化、城市科创氛围淡薄等。但这些劣势总是有办法克服的。在国家对香港建设国际科技创新中心的政策引导与支持下，香港未来可期。

（二）深圳

深圳是一座年轻而有活力的城市。说它年轻，是因为它建市于改革开放以后的1979年，1980年成立经济特区，与大湾区其他城市相比更年轻；也是因为深圳人口结构年轻，平均年龄32.5岁（"七普"数据）。正是因为年轻，没有历史包袱，深圳在改革开放的路上勇当先锋，先行先试，付出了汗水，也享受了改革开放的制度红利。正是因为年轻，深圳人更容易接受新事物，也更擅长创造新事物。深圳从加工贸易、模仿山寨起步。1993年，深圳停止登记注册"三来一补"企业，走高科技发展的自主创新之路。如今深圳被誉为"创都"，每10个深圳人就有1人创业。深圳企业注重研发，从附表9-1可以看出，2020年，深圳R&D研发投入经费占GDP的比重在大湾区遥遥领先，为5.46%；深圳高新技术企业18180家，也遥遥领先。深圳的自主研发收获了很好的经济成绩：2020 年，深圳 GDP 为 27670 亿元，已经超越香港、广州；出口额 2453 亿美元，连续 28 年全国领先；规模以上工业总产值 38460 亿元，PCT 国际专利申请量 20209 件，战略性新兴产业增加值占 GDP 比重为 39.6%，全国领先。

深圳科技创新的硕果离不开制度创新的激励。从 1980 年深圳特区成立以后，深圳在制度改革方面先行先试，利用比邻香港的区位优势，引进市场制度模仿创新，并加以本地化，在外贸、外汇、国有土地有偿使用、劳动雇佣、公司法、国企改革、资本市场、创业投资、知识产权保护等市场制度方面大胆探索，建立起社会主义市场经济体系。深圳法制化、市场化、国际化的营商环境全国最佳，面向全球招商，集聚并衍生本地的全球卓越企业，如华为、比亚迪、腾讯、大疆等。2019 年，《中共中央　国务院关于支持深圳建设中国特色社会主义先行示范区的意见》出台，深圳的制度红利叠加。2021 年，深圳拥有全球 500 强企业 10 家。深圳城市移民文化包容，用人制度灵活，"来了就是深圳人"。"孔雀计划"招揽全球精英。移民的社会网络带来更广阔的知识创新网络宽度，这更有利于科技创新。深圳已成为我国集聚经济效益最好，财富密度、人口密度最高的城市。

深圳科技创新的硕果离不开周边兄弟城市的支持。香港作为大湾区龙头城市，在改革开放后为深圳带来了工业资本和技术。19 世纪八九十年代香港资本占深圳外资的 70% 以上，带动深圳工业化与城市化。深圳的敏捷生产也有赖于东莞、惠州两个卫星城市完善的加工系统以及更加便宜的生产成本，深、莞、惠已经成为全球最大的富有竞争力的电子信息产业集群。虽然深圳科技创新已经发展成为全国的一面旗帜，取得了骄人的成绩。但是，从表 9-4 也可以看出，深圳科创系统的基础研究薄弱。2020 年深圳基础研究、应用研究占 R&D 支出的 4.82%、10.52%，低于发达国家同时期的水平。高等院校、科研院所作为基础研究的主力军，占深圳 R&D 支出的 2.08%、4.57%。基础研究薄弱，这也是深圳缺少原创的颠覆式创新的原因。高等院校、科研院所的科研成果转化的知识产权制度，也还需要进一步创新。打造科技创新上中下游无缝对接、连成一体的生态体系，并且与香港、东莞、惠州等大湾区城市紧密合作，是深圳科技创新的未来之路。

表9-4　2020年深圳、广州R&D经费支出结构比较

项目	深圳		广州	
	总额（万元）	比重（%）	总额（万元）	比重（%）
总和	15108088		7426097	
按活动类型分				
基础研究	728909	4.82	1048319	14.12
应用研究	1589940	10.52	1052280	14.17
试验发展	12789238	84.65	5325499	71.71
按单位类型分				
科研院所	691072	4.57	1389305	17.93
高等院校	314012	2.08	1395525	18.01
企业	14087686	93.25	4760300	61.44
规模以上工业企业	11573051	76.60	3151115	40.67
规模以上服务业企业	1810870	11.99	1176002	15.18
建筑业	340633	2.25	314149	4.05
规模以下企业	363132	2.40	119034	1.53
其他	15318	0.10	203300	2.62
按资金来源分				
政府资金	1341671	8.88	2183936	29.41
企业资金	13699671	90.68	4967881	66.90
境外资金	17945	0.12	7199	0.10
其他资金	48801	0.32	267082	3.60

注：因为广州规模以下企业研发经费支出按活动类型分的数据缺失，所以广州研发经费支出按活动类型分是没有考虑规模以下企业的数据，比重是近似值。

资料来源：《深圳市统计年鉴2021》《广州市统计年鉴2021》。

（三）东莞

东莞位于千年商都广州东部，也是一座历史文化名城，是近代史开端地。东莞经济原来以农业为主，1978年农业增加值占GDP的比重为44%，超过工业的43%。生产力与人口主要布局在东江冲积平原上，老城区就布局于此。随着改革开放的推进，香港、台湾、外商直接投资企业工业资本相继流入东莞，在东莞32个镇街遍地开花，主要分布在广深高速、广深沿江高速、广深铁路周边镇街，尤其是临深片区与市区。东莞市区中心首位度较低，多年呈现

"弱中心"特征。临海、临深的虎门、长安多年是 GDP 的龙一龙二的位置。港台工业主要是传统的鞋包皮具、纺织服装、家具玩具、五金模具等劳动密集型产业。邓小平同志南方谈话以后，外资的电子厂加速进驻，如诺基亚、三星、索尼、京瓷等，主要是布局加工装配环节，对技术要求不高。东莞也成为加工贸易之都，两头在外。2009 年金融危机对高度外源的东莞经济冲击很大。笔者曾去长安镇工业园区调研，园区管理层反映危机期间厂房空置 1/3，但危机过后不到半年，深圳工厂就搬进填满。金融危机腾笼换鸟，也倒逼东莞加工企业转型升级。东莞市政府首创加贸企业不停产转型为"三资"企业。东莞也逐渐由世界工厂转型为世界制造名城。

从 2000 年到 2020 年，东莞是珠三角 GDP 增长速度最快的城市。2020 年，东莞出口依存度为 85%，进口依存度为 51%，为珠三角最高。根据"七普"数据，东莞每 10 万人口中接受中学教育为 64498 人，中学生人数为珠三角最多。东莞人才总量超过 235 万人，其中高层次人才 15.6 万人，技能劳动者占产业工人的比例达 22%。东莞经济具有二元性：一元是以电子信息为主的高新技术产业，一元是传统的纺织服装、家具玩具等产业。前者主要布局在松山湖高新区、滨海湾新区、市区，吸纳高学历、高技能人才。后者主要布局在半城镇化的工业村，解决初级劳动力就业问题。两者协同，融合共处。一元代表高质量，一元代表低成本。东莞拥有完整的加工体系，可以低成本地敏捷生产。

东莞与佛山同为珠三角两大工业城市。东莞的科技含量更高。东莞每万人口发明专利拥有量达 44 件，佛山为 33 件。R&D 经费占 GDP 比重，东莞为 3.54%，佛山为 2.67%（见附表 9-1）。东莞高企 6413 家，佛山 5694 家（见附表 9-6）。佛山创新基因与广州相似，体制内的科研院所与实验室众多。东莞创新基因与深圳类似，东莞 94% 的研发经费发生在企业。

（四）惠州

惠州，和肇庆、江门一样，都是土地面积 10000 平方千米左右的大市。惠州在历史上一直都是东江流域的政经、文化中心。惠州地形北边为高山，南边靠海。东邻河源、汕尾，西连广州、东莞、深圳。因此，惠州生产力、工业园区主要布局在西南部，惠城以西的仲恺高新区、以南的大亚湾开发区是两大主力。惠州与肇庆、江门不一样的是，惠州有惠州港、惠州机场，漫长的海岸线，邻接广深港科技创新走廊。如此一来，惠州的经济外向度更高，经济水平更加发达，产业结构更为现代化。外商投资企业是外贸的主力。中韩（惠州）

产业园是全国三大中韩产业园之一。港澳台投资企业也是惠州工业化的主力。

惠州作为深圳都市圈的外围城市，大学少，惠州学院是唯一一所本科大学。人才少，每10万人口仅有12322人接受过大学教育（"七普"数据），在珠三角排名第七。惠州产业结构与兄弟城市东莞、深圳相似，"计算机、通信和其他电子设备制造业"一业独大，2020年，占规上工业增加值的38%。电子信息产业主要布局在临莞、临深片区，以仲恺高新区为主。惠州4K电视机产量占全国的1/3。大亚湾开发区集聚大量外商投资的石化企业，埃克森美孚、中海壳牌惠州等重大石化项目先后落户。大亚湾石化区炼化一体化规模全国第一。惠州北边的罗浮山、南昆山具有发展药材种植的天然优势，中医药也是惠州的优势产业。惠州企业总体上以大型工业企业为主。2020年，大型企业工业增加值占规上工业增加值的55%，在珠三角排名第三。中小微企业孵化主要在拥有西湖的惠城区，孵化互联网等新经济企业。惠州城市职业学院大学科技园是惠州首个省级大学科技园。

惠州科创体系的亮点在于中科院在惠东县环大亚湾的稔平半岛上布局了两大核物理研究的大科学装置：定位于重离子物理研究的"强流重离子加速器装置"以及定位于先进核能研究的"加速器驱动嬗变研究装置"。以两大科学装置为基础，衍生出更多的科创平台，如同位素研发平台、高能量密度研究平台等。先进能源科学与技术省实验室获批，成为惠州第一家省实验室。中科院近物所、过程所更多的科创资源将陆续进驻惠州。这些大科学装置、科创平台为惠州的新能源产业、新材料产业以及制药、医疗产业提供了强大的基础科学的支撑。

惠州科创系统优势在于邻近广深港科创走廊的交通区位与广袤土地，为承接科创资源转移提供空间。劣势在于大学少、人才少、园区少，知识网络稀疏。

二、西岸城市科创系统的比较分析

（一）广州

广州位于广东省的地理中心，是国家中心城市。地理中心的优越区位对于广州促进广东东西两翼、北山区和谐发展具有天然的优势。广州也是千年商都，是海上丝绸之路的起点，是国家首批历史文化名城。历史的问题，如国企改革，也在影响着广州的发展。广州还是我国通往世界的南大门，集聚各国总领事馆 68 个，数量全国第二，被 GaWC 评为世界一线城市。上述这些因素，渗透到广州的经济与科创系统里，呈现以下特征：

第一，科研机构、高等院校高度集聚。广州集聚全省 70% 的国家实验室、全省 61% 的广东省重点实验室，全省 50% 的粤港澳联合实验室（见附表 9-7）。国家战略科技力量雄厚。广东 80% 的高校、97% 的国家级重点学科也在广州。广州的科研机构为全省提供科研服务，广州的高校为全省输出人才。虽然科研、教育活动在广州，但受益可能是周边城市。2000~2020 年广州 GDP 增长指数仅高于肇庆、江门（末尾），为 778。广州科研机构 81%、高校 68% 的研发资金主要来源于政府，由政府来管理研发活动，科研机构、高校自主权是相对有限的，更多的是服务于国家使命。广州高校 51.4%、科研机构 23% 的研发经费内部支出投向基础研究，广州高校 38.6%、科研机构 28.6% 的研发经费内部支出投向应用研究；广州规上工业 99.1%、规上服务业 92.6%、资质以上建筑业 96% 的研发经费内部支出投向试验发展。高校、科研机构从事的基础研究与应用研究正的外部性更大，对邻近组织、周边城市的发展更有利。表 9-5 显示，广州高校、科研机构分别占广州 R&D 经费支出的 18.01%、17.93%，深圳高校、科研机构分别仅占深圳 R&D 经费支出的 2.08%、4.57%。广州 R&D 经费支出的 14.12%、14.17% 投向了基础研究、应用研究，深圳仅有 4.82%、10.52% 投向基础研究、应用研究。广州企业占广州全社会 R&D 经费支出的 61.44%，这是全省最低的比例。广州高校、科研机构的科研成果如何迅速转化为企业生产力，这是广州未来经济增长的潜力所在。

第二，工业企业主体是国企、外企。广州工业增加值占 GDP 比重为 22.9%，这比重在珠三角是远远落后的。在广州规上工业增加值中，国有控股占 36%，外商投资占 42%，比重却都是珠三角最高的。2020 年，位于广州的全省营业收入最大的 50 家工业企业前十的公司为国企或外企：广东电网公司（前 3）、东风汽车有限公司东风日产乘用车公司（前 5）、广汽本田汽车有限公司（前 8）、广汽丰田汽车有限公司（前 9）。国企科技创新可能由于官僚主义、垂直管理、所有者缺位等制度原因而效率较低。外企选址广州更看重内地市场，以市场换技术。广州出口依存度为 21%，在珠三角仅高于肇庆。外企主要布局在汽车制造、日用化工等传统行业，技术进步速度慢。广州工业化速度在珠三角是最慢的，以 2000 年为基数 100，2020 年广州规上工业增加值指数

表 9-5　2020 年广州 R&D 经费内部支出结构

R&D 经费内部支出	高校		科研机构		规上工业		规上服务业		资质以上建筑业企业		总和	
	万元	%	万元	%	万元	%	万元	%	万元	%	万元	%
合计（万元）	1395525	100	1389305	100	3151115	100	1176002	100	314149	100	7426097	100
按支出类型分组												
基础研究支出	717718	51.4	319833	23.0	2892	0.1	7844	0.7	31	0.0	1048319	14.12
应用研究支出	538643	38.6	397523	28.6	24565	0.8	78973	6.7	12576	4.0	1052280	14.17
试验发展支出	139164	10.0	671949	48.4	3123659	99.1	1089185	92.6	301542	96.0	5325499	71.71
按资金来源分组												
政府资金	954433	68.4	1125049	81.0	50810	1.6	52081	4.4	1563	0.5	2183936	29.41
企业资金	394463	28.3	63326	4.6	3075568	97.6	1121938	95.4	312586	99.5	4967881	66.90
境外资金	1710	0.1	730	0.1	3768	0.1	991	0.1			7199	0.10
其他资金	44919	3.2	200200	14.4	20971	0.7	992	0.1			267082	3.60

资料来源：《广州市统计年鉴 2021》。

仅为 905。规上工业占广州研发经费内部支出为 40%，远远低于深圳的 76%。在这少量的工业企业研发经费里，又以国企、传统行业的外企为主体，所以广州工业结构现代化程度并不高。在规上工业增加值中，先进制造业占 58%（珠三角第四），高技术制造业占 15%（珠三角第五），汽车制造业占 27%，"一业独大"。

第三，服务业创造广州大部分财富，容纳大部分人口，却投入少量研发经费。广州服务业增加值占 GDP 比重为 72%，这在全广东是最高的，广州是广东的服务中心，深圳只有 62%。广州服务业就业人口占总就业人口的 75%（见表 9-6）。深圳只有 52%。广州服务业 R&D 经费内部支出占广州 R&D 经费内部支出 15%，深圳只有 12%。广州 75% 的在岗职工工作在技术进步缓慢的服务业。这也是为什么广州 GDP 增长缓慢的原因，也是大部分以服务业为主体的城市经济增长缓慢的原因，如香港。如何推动服务业加快技术创新，这又是广州新增长的又一潜力。

表 9-6　2020 年深圳、广州城镇单位各行业在岗职工年末人数比例　单位:%

行业	全省	深圳	广州
农、林、牧、渔业	0.10	0.01	0.05
采矿业	0.07	0.08	—
制造业	40.76	41.79	18.32
电力、热力、燃气及水生产和供应业	1.34	0.89	1.35
建筑业	5.76	5.21	4.93
批发和零售业	5.15	6.05	7.55
交通运输、仓储和邮政业	4.06	4.19	8.57
住宿和餐饮业	1.77	2.12	3.15
信息传输、软件和信息技术服务业	3.66	7.18	6.24
金融业	2.82	4.22	2.72
房地产业	4.43	5.87	7.51
租赁和商务服务业	5.48	6.77	11.37
科学研究和技术服务业	2.34	2.82	4.67
水利、环境和公共设施管理业	0.99	0.58	1.55
居民服务、修理和其他服务业	0.56	0.68	0.68
教育	8.28	4.24	7.98

行业	全省	深圳	广州
卫生和社会工作	4.46	2.45	5.45
文化、体育和娱乐业	0.60	0.53	0.95
公共管理、社会保障和社会组织	7.37	4.32	6.95

资料来源：《广东省统计年鉴2021》。

（二）佛山

佛山是全国唯一的国家制造业转型升级综合改革试点城市。佛山制造业传统历史悠久，唐宋时期手工业发达，明清时期更因陶瓷、纺织、铸造、医药而以"四大聚""四大名镇"闻名。佛山也是我国近代民族工业发源地之一。这些传统工业一直在佛山繁衍至今。改革开放后，佛山民营工业发展迅速，尤其是以家电、家具、陶瓷、纺织、房地产、五金等泛家居行业成长为佛山产值超万亿元的产业集群。另一个超万亿元的产业集群为装备制造。因为这些传统工业集群扎根，佛山产业结构现代化程度低。在2020年规上工业增加值中，先进制造业占49%，在珠三角排在第六位；高技术制造业占5.4%，在珠三角排最后。而且，因为佛山位于珠江口西岸，缺少海港，引进外资与开展外贸都不突出。佛山泛家居产品以内销为主，受国内城市化进程带动。如今的房地产低迷对佛山发展新兴战略产业、培养新的增长极提出了新的要求。

佛山和东莞一样，是制造业大市，但佛山研发投入不及东莞，研发产出与东莞差距较大。2020年，佛山工业占GDP比重为53.3%，东莞为51.5%，佛山是大湾区工业比重最高的城市。佛山高新技术企业数量5638家，比东莞的6242家少。佛山全社会的研发人员全时当量为7.24万人年，低于东莞的10.84万人年；R&D经费占GDP的比重为2.67%，低于东莞的3.54%、全省的3.14%（见附表9-1）。佛山高企工业总产值6350亿元，低于东莞的12218亿元；高企出口总额1383亿元，低于东莞的2996亿元（见附表9-10）。佛山和东莞一样，大学数量少。佛山科学技术学院与东莞理工学院都在建设高水平理工大学。佛山拥有的工程技术研究中心与实验室比东莞多得多。佛山拥有省工程技术研究中心754家，东莞439家；实验室31家，东莞13家。这可能与佛山靠近广州有关。广州的工程技术研究中心与实验室也是比深圳多得多。

佛山科创系统的优势在于专业镇生产网络，一镇一主导产品，本地配套率高达90%以上。劣势在于传统的技术惯性降低了对新技术、新产业的引进、吸收与二次创新速度，产业转型升级对过去技术产生路径依赖；对研发投入并不高，开放度也不高。

（三）肇庆

肇庆西连广西梧州、贺州，东接佛山、清远，是曾经的岭南政经中心，"半珠半山"，如今是大湾区唯一人口净流出的城市，也是大湾区土地面积最大的城市：14891 平方千米，占 26% 的大湾区土地面积。2020 年 GDP 只有 2312 亿元，仅占大湾区的 2%。肇庆不临海，缺乏海运条件，经济外向度最低。曾经是两广中心，如今是大湾区最偏远的外围城市。肇庆科创主体稀少，只有两所公办的大学本科院校：肇庆学院、广东金融学院肇庆校区；高新技术企业 679 家——东邻佛山有 5638 家；省工程技术研究中心 147 家，佛山 754 家；实验室 7 家，佛山 31 家。肇庆每 10 万人口中只有 8766 人接受过大学教育，全社会研发经费占 GDP 的 1.1%，都为珠三角最低。广东制造业 100 强只有 2 家。所以，肇庆知识库存量少，知识网络在空间上的联系因为面积广阔而格外稀疏，科创主体总体上竞争力低、影响力低。

进入 21 世纪，当大湾区东岸的深圳、东莞、佛山等城市进入工业化后期时，肇庆工业化指数增长却是最快的。肇庆工业高度依赖于矿物资源、生物资源。2020 年，矿物制品工业（包括金属与非金属）增加值占规上工业接近 30%。中草药、南药、食品饮料等依赖生物多样化资源的产业较为发达。依赖材料投入、占地广的新能源汽车工厂，例如，小鹏汽车、宁德时代于 2017 年、2021 年进驻肇庆，上下游的汽车零部件企业陆续跟进，形成新能源汽车集群。服务资源密集型产业技术进步的实验室相继落户。例如，2015 年，新型电子元器件关键材料与工艺国家重点实验室获批，专攻新材料领域前沿技术，这是肇庆首家国家级实验室；2019 年，岭南现代农业科学与技术广东省实验室肇庆分中心授牌成立，专攻现代农业新科技，这是肇庆首家省级实验室；2020 年，肇庆学院获批省市共建广东省环境健康与资源利用重点实验室，专攻资源利用与"双碳"环保技术，这是肇庆首家学科类省重点实验室。肇庆研究机构专注于资源利用、新能源、新材料、中草药、南药这些领域。

肇庆科创系统优势在于肇庆资源环境与生物多样性提供的丰富研究对象与劳动对象，以及既存的相关领域的产业存量、知识存量和科创组织网络。劣势在于科创要素与科创组织的稀少、知识网络的稀疏，市场狭小，以及风险投资基金、创业文化的相对落后。

（四）澳门

澳门作为一个超微型的经济体，自开埠以来历次填海，至今有土地面积32.9平方千米，可以容纳的产业集群数量有限，这也决定了澳门产学研协同的科创体系的构建必须突出专业化优势，而为了避免离岸的外生风浪冲击，澳门需要紧靠大陆的经济与科技。澳门在16世纪中叶开埠以后，主要从事转口贸易。香港在1841年开埠以后转口贸易的崛起，使得澳门转口贸易业务凋敝。1845年，葡萄牙单方面宣布澳门为自由港，澳门转型为以鸦片走私、苦力贩卖、赌博为主的商业社会。随着社会发展，鸦片与苦力的经营逐渐退出，澳门成为以博彩业为主导的微型经济体。20世纪70年代，香港小部分的纺织、制衣企业看中澳门相对廉价的土地与人工成本、出口配额与普惠制的关税优惠，在澳门投资设厂。20世纪80年代，电子、玩具、人造花、皮革等产业陆续在澳门建厂。香港资本带动澳门工业化。港澳之间的便利交通与富裕人流，带动澳门博彩业快速发展。工业化与博彩业的发展带动澳门城市化，澳门房地产、金融业、酒店业、批发零售业、餐饮业、会展业快速发展，产业结构走向多元化。随着澳门生产成本的上升以及出口配额和关税优惠的减少，澳门制造业内迁至珠海等大陆城市。1999年，澳门回归祖国以后，治安好转；2002年，澳门特区政府开放赌权；2003年，中国内地开放港澳自由行。这些因素使得澳门博彩旅游业快速发展，一改回归前四年经济负增长的颓势。1999年，澳门GDP为49071百万澳门元，2020年为204410百万澳门元，年均增长7%。博彩业占GDP的比重由1999年的32%上升至2011年的63%（历史峰值）、2019年的51%。回归后的澳门经济比回归前更加依赖博彩业。由于博彩业高度依赖客流，更容易受各种外在因素的冲击而波动。澳门GDP增长率也有大起大落的特点。2020年新冠肺炎疫情使赴澳旅客锐减85%，GDP下降54%，澳门博彩业占GDP的比重下降至21%。澳门产业结构适度多元化有助于减少经济波动，横琴岛可以为澳门产业多元化提供地理空间。

澳门狭小的空间以及以博彩旅游业为主导的产业结构，使得澳门的科创系统比香港更加小且不完整。澳门博彩业快速的巨额利润回报使得资本难以流向风险高、周期长的科创产业。澳门的研发主要发生在澳门大学、澳门科技大学的四家国家实验室，以中药、通信集成电路、智慧城市、航天为主要研究领域（见表9-7）。澳门R&D占GDP的比重比香港还低。2016年，澳门R&D占GDP的比重为0.24%，远低于同期香港的0.79%；专利申请量仅有51项，远低于香港的14092项。2017年澳门的发明专利申请共有68项，其中60%为博彩游戏设备发明；发明专利延伸申请共441项，其中66%为医药、医疗产品。澳门目前的发明专利分布与其优势产业相关联。2020年，澳门制造业占GDP比重为1.02%，制造业也是以"食品及饮品业"、纺织业、制衣业、"出版、印刷录有信息的媒体的复制"、"水泥及混凝土"等传统劳动密集型产业为主，难以承担推动科技创新的任务（见表9-8）。作为科创下游的澳门产业技术结构与作为上游的大学科学结构对接存在断层。澳门狭小的空间难以吸引外商直接投资，"一中心一平台"发展定位也难以支持澳门再工业化。横琴粤澳深度合作区无疑是澳门融入国家发展战略、实施产业结构适度多元化、推动科创与产业对接的最佳出路。

表9-7　澳门四大国家实验室

实验室名称	设立机构
中药质量研究国家重点实验室	澳门大学、澳门科技大学
模拟与混合信号超大规模集成电路国家重点实验室	澳门大学
智慧城市物联网国家重点实验室	澳门大学
月球与行星科学国家重点实验室	澳门科技大学

资料来源：笔者整理。

表9-8　2020年澳门工业内部增加值结构

工业类别	增加值（千澳门元）	占工业增加值比重（%）
工业增加值总额	4684805	100
食品及饮品业	659130	14.07
纺织业	49775	1.06
制衣业	131432	2.81
出版、印刷及录有信息的媒体的复制	224539	4.79
水泥及混凝土制造	260681	5.56
其他未列明的制造业	495170	10.57
电力、蒸汽和热水的生产及分配	2566349	54.78
水的利用、处理及分配	297730	6.36

资料来源：《澳门统计年鉴2021年》。

（五）珠海

珠海在广东省"十四五"规划被定位为珠江口西岸核心城市。广东科技创新"十四五"规划中提出，支持珠海打造区域科技创新中心。实际上，珠海作为珠江口西岸都市圈的核心城市，首位度并不高。GDP、人口数量、孵化器数量、省工程技术研究中心数量、高新技术企业数量、高新技术产品产值等指标值与邻近的中山、江门相差无几。目前离中心的位置尚远。广州相对于其腹地佛山、肇庆的首位度，或者深圳相对于其腹地东莞、惠州的首位度通常为2.5以上。珠海在1980年设立经济特区以来，一直是珠三角的交通末梢。从香港、深圳到珠海得绕珠三角出海口（伶仃洋）一圈，一直到2018年港珠澳大桥通车。所以，在城市间的招商引资竞赛中，珠海虽然坐拥经济特区的制度优势，但由于交通区位的劣势，业绩并不突出，企业集聚度、人口集聚度低。2020年高新技术企业2065家，比中山的2340家还少；珠海人口245万，为珠三角人口最少的城市。另外，澳门作为一个微型经济体，是大湾区GDP最小的城市，2020年仅有1944亿澳门元。区内以博彩娱乐场为主的企业集群，难以带动珠海的工业起飞。珠海超前建设机场所造成的财政压力，以及过高的房价，对引进企业严格的环保要求，珠海港水深条件不如盐田港，这些都对珠海的前期招商引资不利。企业与人口集聚少，难以支撑珠江口西岸都市圈的中心城市地位，包括科技创新中心。

即便如此，珠海科技创新还是取得了不错的成绩。格力空调进入世界500强，空调设备及系统运行节能国家重点实验室是珠海唯一的国家重点实验室。珠海格力电器股份有限公司技术中心是国家企业技术中心。珠海总共有8家国家企业技术中心，284家省级以上工程研究中心。2015年横琴设立自贸区，2018年港珠澳大桥通车。珠海"十三五"期间新增外商投资企业9895家，实际利用外资总量累计达到121亿美元，全省排名第三。横琴新区注册澳资企业3575家，成为内地澳资企业最为集聚的区域。"珠海英才计划"财政投入巨大，人才净流入率约6%，在珠三角排第一。珠海市政府与广州、北京、澳门、香港高校联合办学，或者设立研究机构、实验室、创新中心等，对接城市外部的知识网络。中山大学珠海校区牵头建设南方海洋科学与工程广东省实验室（珠海），启动"天琴计划"；澳门国家重点实验室设立横琴分部；澳门大学、澳门科技大学在珠海设立研究院；珠海深圳清华大学研究院创新中心、珠海中科先进技术研究院、珠海复旦创新研究院等相继成立，快速形成教育、科研与成果转化能力。珠海科创资源集聚能力逐渐增强。

珠海科创系统的优势在于其经济特区、邻近澳门行政特区的制度优势，以及优美的城市环境、陆海相连的交通区位，这是集聚科创资源的潜力优势。劣势在于高等院校异地办学带来的教学质量问题，缺乏大科学装置，产业园区专业化程度不高、定位不明确，等等。

（六）中山

中山是粤港澳大湾区内相邻城市最多的小城市，面积仅有 1784 平方千米，比珠三角最小的城市珠海仅多 48 平方千米，土地资源紧张。众多邻居给中山带来了各方的知识，处于城际的知识网络之中。东与深圳通过深中通道相连，湾区内环的中山东部的火炬国家高技术产业开发区、翠亨新区成为承接深圳新一代电子信息产业、先进装备制造、生物医药等产业的重要平台。北与广州南沙区、番禺区、佛山顺德区相连，中山北部产业园主导发展智能家电等，打造广佛中融合发展先行试验区。西与江门市区相连，中山西部产业园主导发展照明灯饰、家具、锁具等传统家居行业，对接江门。南与珠海香洲区、斗门区相连，中山南部新城主导发展新一代电子信息产业、生物医药等高新技术产业；中山科学城依托中山光子科学中心和中山先进低温技术研究院，培育激光、超低温等未来产业技术，对接珠海。中山成为东西岸知识交汇的一个技术绵延体。

中山市企业以生产传统家居产品的中小企业为主，缺乏明星龙头企业，企业研发投入强度不高，2020 年研发投入经费占 GDP 比重仅为 2.35%。本地两所本科院校都为民办院校，教育、科研与成果转化能力难与广州、深圳院校竞争，知识内生能力较弱。因此，中山科技进步更多地依赖于外来技术的引进。例如，中山市政府以中山工业技术研究院为平台，引进中科院以及北京、武汉、广州等多个城市的理工类大学共建研究创新平台，引进香港大学生物医药技术国家重点实验室—广东药科大学分中心等创新平台。

中山科创体系优势在于基于交通枢纽基础上的跨城的知识网络，与基于中山专业镇基础上的生产网络。劣势在于前期各镇街分散开发导致土地碎片化，城市品质与医疗、教育配套的相对落后难以吸引高端人才。

（七）江门

江门是大湾区西部的一个科创主体相对稀疏、科研能力相对落后的边沿城市。农业和食品制造业是优势产业，土地面积大，交通枢纽的区位突出：打造珠西综合交通枢纽江门站。R&D 支出占 GDP 比重为 2.45%，R&D 人员全时当量仅为 2.80 万人年，在珠三角排名都是第七。高新技术企业只有 1850 家（见附表 9-6）。只有 2 家企业类重点实验室（见附表 9-7）。进入 ESI 1‰大学数为 0。根据"七普"数据，江门的大学生人数为 568059，在珠三角排名第八。

江门科创系统的特点在于小微企业众多，港澳台企业占规上工业增加值比重在珠三角最高。江门拥有市级以上孵化器 37 家、众创空间 35 家、创业引导基金 8 只、科技支行 26 家，风险准备金池向小微企业提供超 8 亿元的科技贷款。江门因此获得"全国小微双创示范城市"称号。江门设立"侨梦苑"华侨华人创新产业聚集区，为港澳台企业创造便利的营商环境。设立9 家"联络五邑"海（境）外服务工作站，率先实现在港澳离岸远程办理业务，如商事登记、外资备案登记、智能办税等。江门科创系统的另一亮点在于国之重器：江门中微子实验站，与大湾区东岸东莞市的散裂中子源协同发展。

作为一个外围城市，江门在大健康（食品、饮料、中草药等）、纺织材料、水性环保涂料、绿色照明等领域实现知识专业化、深耕。江门科创系统优势在于利用交通网络和大片可开发的土地，面向广深、面向全球招商引资引智，劣势在于稀疏且竞争力低的人才和创新主体。

第二节 粤港澳大湾区各城市科创系统的合作分析

一、港深都市圈

粤港澳大湾区东岸集中了两个中心城市：深圳、香港。深圳土地面积1997 平方千米，香港土地面积 1110 平方千米，分别占大湾区面积的 3.57%、1.99%（见图 9-1），却创造了 2020 年大湾区 GDP 的 24.00%、20.90%，集聚了大湾区研发投入的 42.29%、6.59%（见图 9-2、图 9-3）。也就是说，港深两个特区以约 5%的土地面积集聚了大湾区接近一半的研发投入，创造了大湾区接近 50%的 GDP。

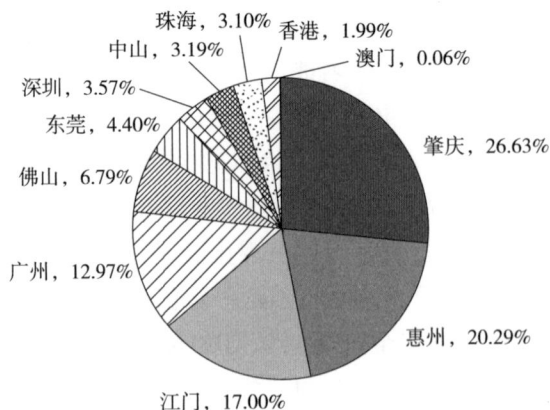

图 9-1　2020 年粤港澳大湾区土地面积各城市占比

资料来源：《广东统计年鉴 2021》、香港统计处网站、澳门统计暨普查局网站。

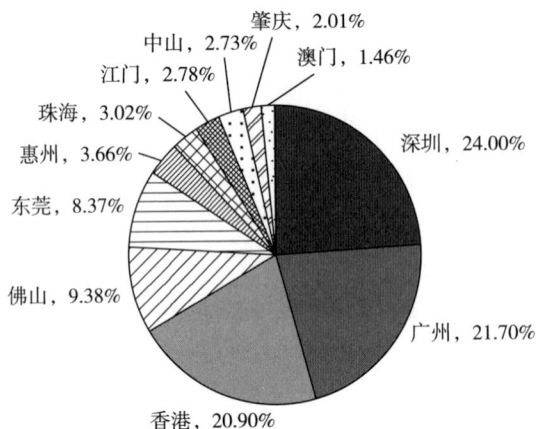

图 9-2　2020 年粤港澳大湾区 GDP 各城市占比

资料来源：《广东统计年鉴 2021》、广东科技厅网站、香港统计处网站、澳门统计暨普查局网站。

　　深圳与香港在科技创新上又有不同的特征。深圳承接香港制造业转移以后，通过模仿学习取得技术积累到一定阶段，转而发展自主创新、自主品牌，实现从"寨都"到"创都"的转型。如今深圳的研发投入、研发产出 90% 以上发生在企业，深圳产业科技高度发达，但是大学基础研究相对落后。香港在制造业转移内地以后，转型为以服务业为主的国际经济中心，产业科技微弱，但是大学科研水平高。香港大学、香港科技大学、香港中文大学、香港城市大

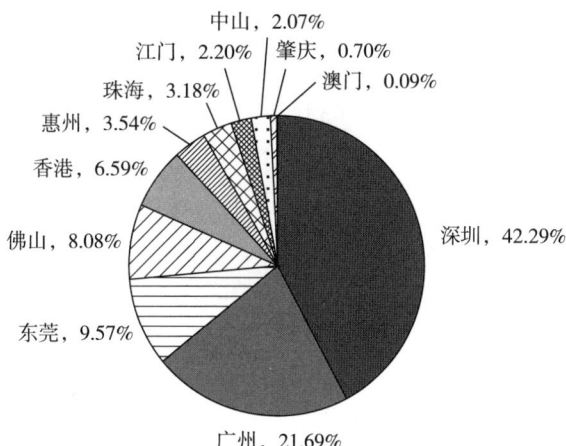

图 9-3 2020 年粤港澳大湾区 R&D 各城市占比

资料来源:《广东统计年鉴 2021》、广东科技厅网站、香港统计处网站、澳门统计暨普查局网站。

学、香港理工大学五所世界 QS 排名前 100 的高等院校是香港科研的主力军。2020 年,香港 53.2% 的研发开支发生在高校。港深科创系统具有很强的互补性。

香港高校研发缺少本地科技创新链条的中下游转化功能支撑,其生产力潜力远远未得到释放。香港大学纷纷在珠三角设立分校(见表 9-9),一方面为内地培养人才,另一方面为港资制造业企业提供技术支持服务,还可以利用内地工业集群孵化初创企业。香港部分理工科毕业生北上就业、创业。例如,香港科技大学研究生汪滔创办深圳市大疆创新科技有限公司。近年香港特区政府提出在香港部分优势领域实行"再工业化",通过优才计划在内地招揽大量高科技人才,也提出在香港北部都会区与深圳打造高科技产业集群,届时深圳的部分高新技术企业将南下香港设立研发、设计、试验、检测等环节。深圳也提出在河套地区与香港联手打造河套深港科技创新合作区。深圳、香港两大科创系统将在港深之间的深圳河的南北两端对接、融合、发展。

表 9-9 香港高校在内地设立分校一览

高校名称	内地分校所在城市	设立时间
香港大学	深圳市南山区	2021 年 9 月
香港中文大学	深圳市龙岗区	2014 年 3 月

续表

高校名称	内地分校所在城市	设立时间
香港科技大学	广州市南沙区	2018 年 10 月
香港城市大学	东莞市松山湖	2020 年 4 月
香港理工大学	佛山市南海区	2019 年 11 月
香港浸会大学	珠海市香洲区	2005 年 4 月
香港公开大学	肇庆市新区	2020 年 4 月

资料来源：笔者整理。

二、深莞惠都市圈

深圳是粤港澳大湾区科技创新的核心引擎。2020 年，深圳集聚了珠三角 36% 的高新技术企业，共 18180 家（见附表 9-10）。深圳生产了珠三角 37.69% 的高企工业总产值，出口货物金额占珠三角的 45.31%（见图 9-4、图 9-5）。东莞在高新技术产业发展方面位居珠三角第二，超过广州。东莞高企数量 6242 家，虽然不及广州的 11423 家，但是东莞高企工业总产值占珠三角的 18.94%，超过广州的 14.42%。东莞高企出口金额占珠三角的 18.19%，超过广州的 7.61%。珠三角东岸的深莞惠经济外向度比西岸高。惠州高企出口金额占珠三角的 7.76%，比广州高企出口规模还大。

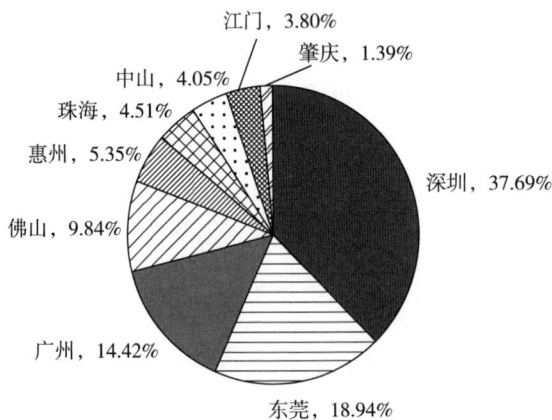

图 9-4　2020 年珠三角高新技术企业工业总产值各市占比

资料来源：广东科技厅网站，http：//gdstc. gd. gov. cn/zwgk_n/sjjd/index. html。

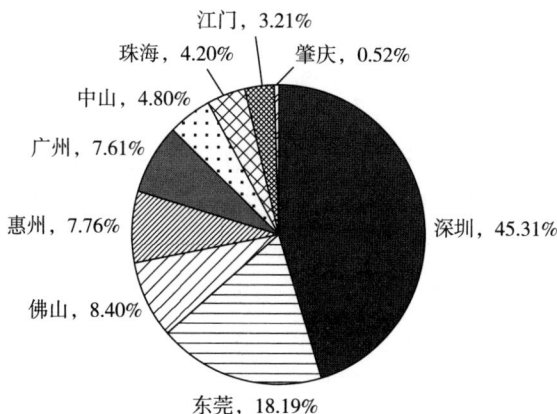

图 9-5　2020 年珠三角高新技术企业出口总额各市占比

资料来源：广东科技厅网站，http://gdstc.gd.gov.cn/zwgk_n/sjjd/index.html。

东莞作为深圳、广州"双城联动"的必经之路，尽享知识外溢、产业转移、人才引进的区位优势。这些深圳、广州流出的人才、资本、技术、企业集聚东莞，支撑东莞产业转型与科技进步。东莞高新技术企业工业总产值、出口金额已超越中心城市广州。东莞与深圳的高新技术企业工业总产值与出口金额联合一起，已经占了珠三角的一半以上，但是两者的土地面积只占大湾区的8%。东莞、深圳的人口、技术与财富高度集聚。惠州土地面积大，占大湾区的20%，但 GDP 只占大湾区的3.66%。惠州还有大量空余的土地空间，可以承接深圳、东莞的产业转移。惠州与深圳、东莞的产业结构相通，电子信息产业"一业独大"，相互之间的技术、人才兼容，形成大湾区乃至我国、全世界最大的电子信息产业集群。

东莞、惠州与深圳布局了若干国家级大科学装置。东莞的散裂中子源、南方先进光源、先进阿秒激光设施；惠州的"强流重离子加速器装置""加速器驱动嬗变研究装置"；深圳的超级计算深圳中心二期、鹏城云脑Ⅲ，这些大科学装置相互开放共享，形成大科学装置的网络，支撑大湾区东岸的新能源、新材料与生物制药、人工智能等新产业技术发展。深莞惠等东岸城市的科技进步与研发投入、研发产出主要发生在产业技术领域，大学与研究院所的基础研究都是相对落后的。东岸的深莞惠的产业技术可以与广州、香港的大学与科研院所的基础研究加深对接与合作，城市自身内部也加大基础研究的投资，并且打通转化通道。

三、广佛肇都市圈

广州是广东省的教育中心与科研中心，集聚广东省80%的高校、70%的国家实验室。广州高校51%、科研机构23%的研发经费内部支出投向基础研究。基础研究的科研成果以公开发表论文为主要载体，带有公共知识的性质。因此，广州作为一个知识生产中心，知识外溢明显。与深圳研发93%集中在企业，科研成果主要体现为专利不一样：深圳知识成果转化为生产力更加直接、高效，广州的知识成果转化为生产力有待制度红利进一步释放。教育具有外部性，广州的高等教育施惠于各个行业、各个城市。广州企业研发投入占社会研发投入的比重在珠三角是最低的，为61%。换言之，高校与科研机构研发投入占社会研发投入的比重在珠三角是最高的，为39%。广州以服务业为主导的产业结构，工业以国企和外资为主导的产业组织，让企业研发投入不高。

广州、佛山、肇庆都是历史悠久的城市，在经济史上都有辉煌的成绩，文化同源，产业结构也相对传统。广州汽车产业"一业独大"，佛山主导生产泛家居产品，肇庆主导生产金属与非金属的矿物制品。这样的产业结构使得广佛肇的产业合作深度、技术进步速度都不及深莞惠。深莞惠产业结构都是电子信息产业"一业独大"，彼此相通、共享、枝繁叶茂，且处于产业技术快速进步周期。肇庆作为大湾区面积最大的城市，也是曾经两广的政经中心，如今在大湾区时代，多项经济指标落在最后。

表9-10列示了同城化的广佛与深莞之间的对比。广佛两城面积较大，两者共占大湾区19.76%的土地面积，深莞占大湾区7.97%的土地面积，两对组合创造的GDP总量相近。然而，在研发投入与产出的对比上，两个"同城"表现出落差：广佛占大湾区R&D的31.08%，深莞占大湾区R&D的51.86%；广佛占珠三角高企工业总产值的24.26%，深莞占珠三角高企工业总产值的56.63%；广佛占珠三角高企出口额的16.01%，深莞占珠三角高企出口额的63.5%。广佛高新技术企业外向度远远落后于深莞，深莞开放式创新特征更加明显。

表9-10　2020年四大"同城"经济总量在大湾区（珠三角）占比　单位:%

同城化区域	土地面积	GDP	R&D	高企工业总产值	高企出口额
港深	5.56	44.9	48.88	37.69	45.31
深莞	7.97	32.37	51.86	56.63	63.5

同城化区域	土地面积	GDP	R&D	高企工业总产值	高企出口额
广佛	19.76	31.08	29.77	24.26	16.01
澳珠	3.16	4.48	3.27	4.51	4.2

注：前三列为指标值在大湾区占比，后两列为指标值在珠三角占比（港澳数据按零计算）。

资料来源：《广东统计年鉴2021》、香港统计处网站、澳门统计暨普查局网站、广东科技厅网站，http://gdstc.gd.gov.cn/zwgk_n/sjjd/index.html。

表9-10显示，2020年，澳门、珠海"双城"土地面积共占大湾区的3.16%，GDP共占大湾区的4.48%。对比之下，香港、深圳"双城"土地面积虽然也不大，共占大湾的5.56%，但却创造大湾区44.9%的GDP。2020年，澳门人口67.63万，珠海人口245万，对比之下，深圳人口1763.4万，香港人口748.1万。"澳珠"占大湾区R&D投入的3.27%，"港深"占大湾区R&D投入的48.88%。"澳珠"要提升经济地位、科技地位，需要在人口集聚、资本集聚、技术集聚、企业集聚上下功夫。尤其是在横琴粤澳深度合作区，加快高端科技要素的集聚，使横琴岛、澳门岛变成两个科技岛，珠海、澳门变成两座智慧城市。

广佛肇之间科创合作日趋紧密。佛山机械装备制造对接广州汽车产业；肇庆高新区直接引进广州的小鹏汽车，为汽车制造提供各种新材料。佛山以邻近广州的三龙湾科技城推进广佛科创合作，以佛山西站为承接深圳高新技术企业转移的空间。佛山众多的实验室都与广州存在紧密合作关系。肇庆以邻近广佛的肇庆高新区重点招引广州、深圳新能源汽车及其零部件企业，肇庆新区重点招引广州、深圳的新一代电子信息产业。

四、澳珠都市圈

澳门是世界旅游休闲文化中心，又是一个超级微型的关税独立的自由经济体，回归以后博彩旅游业在经济结构中的地位愈发重要。澳门产业科技发展微弱，优势领域集中在博彩产品开发、金融科技、中药研发、智慧城市等。国家在澳门大学、澳门科技大学里面设立了四所国家实验室，涉及中药质量研究、超大规模集成电路、智慧城市物联网、月球与行星科学等领域，澳门未来发展动力将更加依赖这四所国家实验室带来的科技进步。澳门产业结构适度多元化受限于狭小的地理空间，因此国家在珠海横琴岛设立横琴粤澳深度合作区。澳门大学、澳门科技大学以及四所国家实验室在横琴都设立有分支机构。图9-6显示，2021年横琴深合区的产业结构：金融业、房地产业、建筑业共占了GDP的64.3%，横琴成为一个类似于香港产业结构的"特区中的特区"，信息产业与科研服务共占GDP的9.9%。这离借助横琴岛实现澳门产业结构适度多元化、提升澳门经济发展质量的目标尚有一段距离。横琴深合区还需加大在高新技术产业方面的投资，充分利用澳门四所国家实验室与两所大学的发展力量，实现发展动力的转型。

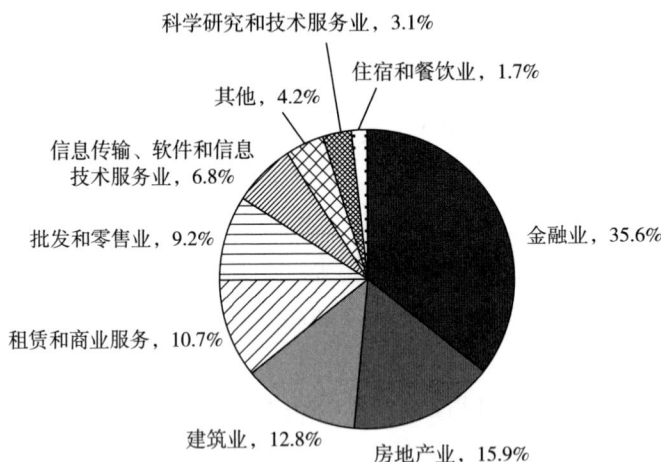

科学研究和技术服务业，3.1%
住宿和餐饮业，1.7%
其他，4.2%
信息传输、软件和信息技术服务业，6.8%
批发和零售业，9.2%
租赁和商业服务，10.7%
建筑业，12.8%
房地产业，15.9%
金融业，35.6%

图9-6　2021年横琴粤澳深度合作区产业增加值结构

资料来源：横琴粤澳深度合作区统计局。

五、珠中江都市圈

珠海、中山与江门的GDP、R&D经费、高企工业总产值、高企出口额等指标值接近（见表9-11）。珠海与深圳、广州的中心城市的高梯度不一样，珠海在经济发展上还没有形成带动的火车头功能。2020年，珠海人口只有245万，是珠三角人口最少的城市。人力资源的小规模集聚让珠海的中心地位难以形成。珠海、中山、江门是经济地位上平行的伙伴城市。对比深圳、广州，人口规模都约为1800万，高度的要素集聚，让深圳、广州起着中心城市的服务、管理、创新功能。珠江中与广佛肇、深莞惠相似的地方是，每个都市圈都有一个面积很大的城市，江门9507平方千米、肇庆14891平方千米、惠州11347平方千米，肇庆主要向中心城市广州招商引资、惠州主要向深圳招商引资，江门则很少向珠海招商引资引智，珠海现在还需要向北上广深及全球招商引资引智。

表9-11 2020年珠中江经济指标比较

城市	土地面积（平方千米）	GDP（亿元）	人均GDP（元/人）	年末人口（万人）	R&D经费（亿元）	高企工业总产值（亿元）	高企出口额（亿元）
珠海	1736	3482	145645	245	113	2912	692
中山	1784	3152	71478	443	73	2610	790
江门	9507	3201	66984	480	78	2454	529

资料来源：《广东统计年鉴2021》、广东科技厅网站，http：//gdstc. gd. gov. cn/zwgk＿n/sjjd/index. html。

如表9-12所示的是珠中江都市圈与深莞惠、广佛肇之间的发展差异。珠中江在GDP、R&D、高企工业总产值、高企出口额等指标值离深莞惠、广佛肇还差很远。深莞惠是高企最为集聚也是出口外向度最高的创新高梯度地区。广佛肇虽然GDP总量与深莞惠接近，但在高新技术发展方面尤其是出口导向方面，离深莞惠又差出一截。如今，江门以西岸综合交通枢纽的打造来承接深圳、广州的产业、技术转移，中山以深中通道为契机对接深圳高新技术企业，珠海除承接澳门的科技要素转移以外，也面向深圳、广州开展高校、科研院所以及高新技术企业的广泛合作、对接。珠中江三城内部也在寻求共同的产业技术平台的对接，在机械装备制造方面建设技术网络，打造西岸机械装备制造产业集群，与东岸深莞惠的电子信息产业集群合理分工合作。

表9-12 2020年大湾区三大都市圈经济总量在大湾区（珠三角）占比

单位:%

都市圈	土地面积	GDP	R&D	高企工业总产值	高企出口额
深莞惠	28.27	36.03	55.40	61.98	71.26
广佛肇	46.39	33.08	30.46	25.66	16.53
珠中江	19.26	8.53	7.45	12.36	12.21

注：前三列为指标值在大湾区占比，后两列为指标值在珠三角占比（港澳数据按零计算）。

资料来源：《广东统计年鉴2021》、香港统计处网站、澳门统计暨普查局网站、广东科技厅网站，http：//gdstc. gd. gov. cn/zwgk＿n/sjjd/index. html。

六、大湾区

珠江通过八大口门流入伶仃洋。伶仃洋东岸港阔水深，香港自由港首先实现经济起飞，云集世界 QS 排名前 100 的高校五所。深圳、东莞承接港台与外资产业转移，以加工贸易起步，走向自主创新道路。如今，深圳成为创都，东莞成为先进制造名城。惠州以广袤土地对接深圳、东莞电子信息产业，三城联合构建起世界最大的电子信息制造业集群。表 9-13 显示，东岸以大湾区 30% 的土地，集聚了大湾区 48% 的人口，创造了大湾区 57% 的 GDP，投入了大湾区 62% 的研发经费。

表 9-13 2020 年粤港澳大湾区东西岸生产力分布

地区	土地面积		年末人口		GDP		R&D	
	平方千米	比重（%）	万人	比重（%）	亿元	比重（%）	亿元	比重（%）
东岸	16914	30	4160	48	65640	57	2215	62
西岸	31749	57	2600	30	24641	21	583	16
广州	7249	13	1874	22	25019	22	775	22
大湾区	55912	100	8634	100	115300	100	3573	100

注：香港 GDP 按 2020 年港币平均汇率 0.889 计算人民币币值；澳门 GDP 按澳门币平均汇率 0.863 计算人民币币值；澳门研发投入按 GDP 的 0.2% 估算。

资料来源：《广东统计年鉴 2021》、广东科技厅网站、香港统计处网站、澳门统计暨普查局网站。

伶仃洋西岸有珠江七大口门，泥沙淤积，港口运输条件与经济外向度不及东岸，发展速度、规模与科技创新能力不及东岸。表 9-13 显示，西岸六个城市以 57% 的土地，只居住了大湾区 30% 的人口，创造大湾区 21% 的 GDP，投入了大湾区 16% 的研发经费。东岸发展质量比西岸高出一个梯度。珠江流经广州市区，广州是大湾区的地理中心，也是国家中心城市，云集了广东省 80% 的高校、70% 的国家实验室，是大湾区乃至广东的服务中心、教育中心与知识生产中心。广州以大湾区 13% 的土地，居住了 22% 的人口，创造了 22% 的 GDP，投入了大湾区 22% 的土地。广州是东岸西岸衔接的城市，发展质量与科技创新活力也居于二者之间，广州高校的科研转化、国企与外企的研发投入都有待改善。

大湾区东岸以海港的先发优势，继续吸引着全国的优秀人才、企业聚集。大湾区东岸有两座中心城市：香港、深圳。中心城市通过人才、企业外溢带动知识外溢，带动东莞、惠州的创新发展。西岸的澳门是休闲旅游消费中心，不是生产中心，其要素集聚能力、辐射带动功能很弱。珠海目前也达不到中心城市的能量级别，人口少、土地少、企业少。珠海大学城的大学是各地高校的分校，异地办学的质量、大学科研成果转化都有待改善。西岸城市以接受广州的辐射、带动为主，而广州的科创活力不及深圳、香港，这也让西岸的科创发展水平落后于东岸。

东岸城市经济外向度更高，营商环境更佳，创新冒险文化更浓。香港的自由市场制度，与国际接轨的法律、语言，中西方文化交汇，亚太地区跨国公司总部首选地，国际金融中心、贸易与航运中心、科技创新中心等八大中心功能强大。香港高校在珠三角的深圳、广州、东莞、佛山、珠海、肇庆等多个城市建设分校，其知识外溢功能覆盖东西两岸。深圳产业科技发达，但是大学与科研院所稀缺，这正好与香港、广州互补，但城市内部也在补基础研究的短板。深圳与东莞、惠州电子信息产业高度融合，城市之间展开了产业研发联盟，在产业核心技术上联合攻关。例如，华为在东莞的欧洲小镇研发力量，聚合深圳、东莞乃至全国优秀科研人才技术攻关。"香港的大学与国家实验室+深圳的产业科技+东莞的制造加工"，只要打通要素与产品之间的无缝对接，加上知识产权制度的进一步创新，这三城的组合将超越美国硅谷的竞争力。

东岸与西岸的连通一直受伶仃洋的阻隔。西岸生产的产品更多服务于内循环。西岸主要接受广州的辐射。广州的高校、实验室与科研机构通过与西岸企业合作的方式，使科研力量转化为生产力。广州汽车产业、电子信息产业也在向西岸的肇庆、佛山转移。西岸打造机械装备制造集群，资本密集型特征明显。产业结构也让西岸的科创速度与活力不及东岸。广州国企改革、大学科研成果转化制度改革、营商环境优化、战新产业发展等，这些问题的解决将不断释放广州的科创活力及其对周边城市的带动能力。西岸多为历史悠久的从事传统产业的城市，东岸多为发展新兴产业的新兴城市。港珠澳大桥、深珠通道、深中通道将把东岸中心城市香港、深圳的科创要素与能力辐射到西岸，促进西岸科创发展，共同建设粤港澳大湾区国际科技创新中心。

第三节　粤港澳大湾区国际科技
创新中心建设的未来之路

一、城市科创系统优化

（一）香港

香港特区政府在未来应大力建设国际科创中心，让香港拥有一个强大而完整的科技创新系统。由此，提出以下三点建议：

第一，加大科创资源投入，提升资源使用效率。增加研发内部开支，投向香港优势领域：资讯科技、生物科技、金融科技、人工智能、智慧城市、新能源等领域。香港有点像伦敦、纽约，伦敦、纽约转型为国际科创中心也是向这些领域集聚科创资源。伦敦还和剑桥、牛津协同为生物科技金三角。香港16所国家实验室有8所从事生物科技的研究。加快优才引进速度，解决优才后顾之忧：居住成本、子女教育与医疗养老等问题。加大本地研究生、大学生与高中生的STEM教育，提供更多的科创就业岗位。加大对科创的土地供应，拓展科学园、数码园的空间。加快建设北部都会区新田科技城、河套港深创科园（香港园区）的建设。加快发展风险投资基金，引导全球高科技龙头企业研发中心进驻香港。

第二，推动香港再工业化，构建完整科创生态。在临深的北部都会区建设先进制造业集群，落地占地少、自动化生产的智能制造生产线，这样可以发挥北部土地成本低、可以聘用深圳人才的区位优势，以及邻近国内市场的优势。推进香港与内地的产品质量认证与生产标准的对接，利用CEPA加快香港工业品内销。在北部建设中试转化基地，涉及知识产权的制造、设计、研发留在香港，量产以及标准化生产的环节布置在珠三角或者东南亚。香港科创生态优势在上游大学的基础研究，可以完成0到1的转化，但是在中游的知识转化为产品、下游的大规模制造却是缺失的，从1到N的转化，香港是短板。以知识产权制度创新，鼓励大学教授创新创业，建立小中试基地，建立更多孵化器、加速器，弥补中游的不足。以北部都会区为主的再工业化，弥补了下游的不足。

第三，促进香港与内地对接，做好科创超级联系人。利用香港作为国际金融、商贸、航运、航空、法律、知识产权、文化中心等国际社会网络带来的知识流动，以及作为自由港的货物、货币、资金、资讯自由流动的优势，组织更多高规格的国际学术交流会议、展览、平台，充当中西方科技交流的超级联系人，将国外先进科技引进香港再输往内地，或者将我国先进科技通过香港输往发展中国家，协助国家科创事业"引进来""走出去"。吸引海内外高端人才居住香港，构建由国际高端人才之间的链接形成的全球科创网络。推进香港与内地的科创交流，推进资金、人员、数据、物资、项目、机构等科创要素跨境便捷流动。

（二）深圳

深圳未来发挥大湾区国际科技创新中心的核心引擎功能，还需要进一步完善科创体系，更上一层楼。由此，提出以下三点建议：

第一，加强基础研究，布局国家战略科技力量。把光明新区作为大湾区综合性国家科学中心先行启动区的主阵地，建设国家超级计算深圳中心二期、鹏城云脑Ⅲ等大科学装置，以大科学装置为核心建设一批国家实验室、一流研究机构，布局国家战略科技力量。推动大科学装置对海内外开放共享，集聚海外高校与研发中心，建设全球化的知识网络。推动大科学装置对企业开放，鼓励企业建设博士后流动站，加强基础研究，并且打通基础研究、应用研究与实验开发之间的循环通道。加大财政资金支持力度，做强基础研究机构。建设"沿途下蛋、就地转化"的成果转化园区，布局验证中心、研发中试线、计量检测平台等研发与转化功能型平台，加快基础研究成果产业化。

第二，建设"双一流"大学，加快大学科研成果转化。加大教育经费投入，引进国际一流的师资队伍，支持深圳大学、南方科技大学建设"双一流"大学。促进产科教融合，促进高校与企业、科研院所、实验室联合教育、联合研发，培养产业、科研需要的人才，培养未来的企业家与科学家。高校充分利用深圳企业科研集聚优势，对接正在布局的国家战略科技力量，提升大学的科研教育水平，做到产、学、研共同促进，共同提升。加快大学科研成果的知识产权制度改革，鼓励大学老师与学生创新创业，支持建设大学孵化器、风险投资基金、科技园区，加快大学科研成果转化。鼓励深圳职业教育先行先试，探索建立中国特色的"双元"育人职业教育体系。支持深圳职业技术学院、深圳信息职业技术学院建设中国特色世界一流职业院校。推进产业链、创新链、人才链、教育链"四链合一",把西丽湖国际科教城建设成世界一流的大学城。

第三,集聚国际高端人才,推动科创区域一体化。根据强链补链的要求,靶向引进海外"高精尖缺"人才。简化签证审核流程,加快海外人才引进速度。提升外国人才在深圳市民人口中的比例,建立国际化社区与国际化科创网络。办好中国国际人才交流大会,促进海外人才的用人制度与国际接轨,把深圳建成国际人才高地。促进城市内部各大高新产业集聚区之间的要素流动,推动各产业集聚区管理机构、企业之间的协同,促进城市内部的科创功能一体化。重点发展莞深交界的光明科学城、深港之间的河套深港科技创新合作区。光明科学城发展重心放在与松山湖科学城之间的大科学装置协同,河套深港科技创新合作区发展重心放在港深两地之间的制度对接。深圳利用香港超级联系人的角色走向科技创新国际化,香港则利用深圳的中下游能力与丰裕人才实现经济转型。园区对于港、深建立国际科技创新中心都大有裨益。由于深圳空间有限,推动深圳部分制造企业往周边城市转移,带动周边城市生产力进步,真正发挥深圳科创引擎核心功能。

(三)东莞

东莞未来围绕"科技创新+先进制造"的城市定位,服务于建设大湾区综合性国家科学中心先行启动区的国家战略,补短板,筑长板。由此,提出以下三点建议:

第一,建设高水平大学。推动东莞理工学院建设高水平理工大学,推动广东医科大学建设高水平医科大学,推动东莞职业技术学院建设高水平职业院校。加快建设大湾区大学、香港城市大学(东莞)为世界一流的研究型理工类大学。支持大学建设大学科技园,支持教授、学生创新创业,建设创业型大学。支持高校与企业联合培养,为社会培育产业所需要的具备各种能力的毕业生,吸引大学毕业生留莞发展。推动高校与企业、研究机构联合研发。推进与香港中文大学合作共建先进材料和绿色能源研究院。

第二,建设高水平研究机构。依托散裂中子源、南方先进光源、先进阿秒激光设施等大科学装置的开放共享,集聚全球顶尖一流科技人才与科研机构,建设松山湖科学城。推动科研机构研究成果知识产权改革,鼓励科研人员利用在职发明专利创新创业。综合利用财政资金、科技信贷、保险资金、风险投资资金等多种金融手段,推动科研成果产业化,跨越死亡之谷。引进中科院、北上广深港澳的科研机构,对接广州南沙科学城、深圳光明科学城,建设城际科技网络。举办粤港澳院士峰会、华为开发者大会等高规格创新盛会，建设城市创新文化。以产业技术突破为导向，组建科研院所与企业、高校的研发联盟。

第三，积极布局战新产业与未来产业。充分利用大科学装置，联合科研机构与大学的基础研究力量，支持企业在新材料、新能源、生物制药、人工智能、新一代电子信息等产业积极布局企业实验室，发展应用基础研究，以"企业提问、科研机构与大学回答"的合作机制，推动基础研究、应用基础研究与试验发展各研发阶段的高度融合，在当前威胁到东莞产业链安全的"卡脖子"的核心技术、关键共性技术上联合攻关，探索企业联合国家战略科技力量突破国外技术封锁的东莞模式。东莞七大战新基地创新招商机制，实施龙头企业领航计划。推动产业数字化转型，发展智能制造。支持外企在莞设立研发中心。支持港澳台企业利用港澳台的国家实验室力量与东莞企业联合技术攻关。支持企业参与国际科技研究项目。

（四）惠州

惠州作为深圳的卫星城市，科创事业前景可期。由此，提出以下三点建议：

第一，以中科院两大科学装置为核心，建设科学城。推动两大科学装置对全球的开放共享，集聚全球科创资源。推动相关科技领域的科学装置、平台、实验室集聚，如同位素、重离子微孔膜、医用重离子治癌装置、应用型加速器等。吸引国内新能源、新材料领域的高校、企业、研究机构、风险基金集聚。如北京化工大学、广东石油化工学院、中广核研究院有限公司等。推动产学研联合技术攻关，建立研究联盟。建立基础研究、应用基础研究与试验开发的各环节相互连接的平等的开放式创新网络，既要实现从"0"到"1"的颠覆式创新，也要实现从"1"到"100"的渐进式创新。协同巽寮湾等旅游资源，建设稔平半岛宜居宜业的以新能源、新材料为主题的国际科学城。

第二，加大招商引资力度。发挥深莞惠电子信息产业集群协同创新优势，加大对深莞穗电子信息产业的招商引资，加快发展人工智能等新一代信息技术产业。发挥大亚湾石炼一体化规模优势，引入中海惠炼国家重质油实验室、院士工作站等高端科创资源，支持埃克森美孚等外商投资企业设立研究中心。引进广州、香港的医学、医疗、医药资源，结合惠州中草药种植与温泉、森林等生态资源，发展惠州医养大健康产业。

第三，加大招才引智力度。推动惠州学院建设高水平理工大学。推动惠州学院与广州高校、香港高校联合开设医学教育课程。吸引广州退休科学家、老教授来惠州指导工作。吸引大学毕业生到惠州实习、工作。强化职普融通、产教融合、校企合作，改革职业教育。

（五）广州

广州作为国家中心城市，理应在国际科技创新中心建设上画下浓重的笔墨。提出以下三点建议：

第一，推动科研院所、高校管理制度深入改革。重点是对科研人员在职时取得的发现、发明的知识产权改革，建设创业型科研机构、创业型高校。向美国斯坦福大学、德国弗劳恩霍夫应用研究促进协会学习，聚焦成果转化与应用研究，孵化、服务众多中小企业。以广州实验室和粤港澳大湾区国家技术创新中心为引领，以人类细胞谱系大科学研究设施和冷泉生态系统研究装置为骨干，建设"2+2+N"科技创新平台体系，在"卡脖子"核心关键技术上取得突破，服务于国家科技战略。科研机构、高等院校两条腿走路，既要大科学地服务于国家战略的基础科学研究，也要小科学地服务于消费者市场的产业技术研究。

第二，发展战略性新兴产业集群，发展智能制造。鉴于汽车、石化、电力等产业技术进步慢，战略性新兴产业技术进步快，广州要学习德国、英国、法国等国家对新兴产业的扶持政策，推出扶持战新产业、未来产业的政策体系。重点发展新一代信息技术，运用人工智能、显卡芯片、软件设计、集成电路、工业互联网、物联网、智能联网、车联网等新一代信息技术改造传统制造业，发展智能制造。利用广州医疗、医学、医药资源集聚的优势，大力发展广州医学城，发展生物健康产业。广州作为中心城市，服务于周边诸多城市，知识库种类要多样化，重点发展新一代信息技术、新能源、新材料等通用技术。

第三，推动服务业创新。采用各种创新政策，鼓励服务业企业加大研发投入，利用高新科技实现服务创新。广州利用既存的服务业集聚，升级发展智慧物流、数字教育、科技金融、远程诊断、无人零售、电竞动漫等新服务。大力发展创投基金，大力举办中国创新创业大赛，探索"以投代评"机制。大力举办《财富》全球科技论坛、小蛮腰科技大会等科技盛会，创建大众创业、万众创新文化。

（六）佛山

佛山未来将从传统制造名城向先进制造名城转型。由此，提出以下三点建议：

第一，引进欧美日、北上广深领先的数字技术公司，推进佛山智能制造。对接平台为广佛交界片区，重点以三龙湾科技城为首要战地。充分利用佛山中德工业服务区的国际网络，引进、学习德国等欧洲国家工业4.0技术，并本地化创新。利用各种大数据、物联网、"5G+工业互联网"、量子互联网等数字技术改造佛山传统工业，把佛山打造成全国制造业数字化转型的标杆城市。

第二，大力发展战略新兴产业。受房地产周期下行影响，传统的泛家居行业增长乏力。佛山积极对接广州、深圳，引进新能源汽车、新材料、先进装备制造、新一代电子信息、人工智能、生物制药等战新产业。加快推进佛北战新产业园建设，把佛山西站枢纽新城建设为承接广深港科创资源的重要平台。

第三，加大全社会研发投入，建设高水平理工大学。以税收优惠及其他创新方式鼓励企业加大研发投入。以全球顶尖实验室为对标，高水平建设季华实验室、佛山仙湖实验室。高水平建设佛山科学技术学院的理工学科；高起点规划建设香港理工大学（佛山）；推进顺德职业技术学院建设中国特色高水平高职院校。推动科技成果使用权、处置权和收益权改革，提高科研人员科技创新的主观能动性，赋予科研人员自主、自由的决策权。

（七）肇庆

肇庆未来科技创新建议立足现实的外围区位，丰富的土地资源、生物资源、矿物资源来勾画主要路径。

第一，创建更多的科创主体。推动肇庆学院国家大学科技园以及鼎湖分园、广东工商职业技术大学省级大学科技园以及其他孵化器孵化培育更多的中小微企业，支持创业型大学建设。支持现有规上企业分设子公司或事业部。肇庆市政府联合北上广深港澳的尖端科研力量，结合本地自然资源与专攻术业建设新型研究机构。

第二，承接中心城市科创要素与科创组织外溢。利用比邻广州的区位优势、高铁通达深港的交通优势，加大对广深港的招商引资引智，深入实施"西江人才计划2.0"，并且不同领域的科创要素与组织集聚在肇庆相应的科创集群。肇庆山地多、平原少，应该在若干少量的平原形成若干创新中心，而不是遍地开花。这与东莞、中山等遍地开花的专业镇模式不同。首先应该集中力量在少量空间上取得突破口，形成创新高地，再考虑辐射周边。例如，在肇庆高新区重点招引新能源汽车及其零部件企业，肇庆新区重点招引电子信息产业。

第三，营造有活力的科创生态。立足市情，探索知识产权改革，引进期权、风险投资基金、创新创业大赛等创新机制，提升科研工作者的创业、创新的热情与干劲。

（八）澳门

澳门未来作为世界旅游休闲中心，要融入到粤港澳大湾区国际科创中心建设中去，由此，提出以下三点建议：

第一，以高新技术改造升级传统产业。提升博彩娱乐产品科技含量，使游客有更佳的冒险体验。提升非博彩旅游业的比重，推动游客多元化。发展智慧旅游、新零售、高科技会议展览、科技金融，建设澳门智慧城市。

第二，扶持发展高新技术产业。完善大学科研人员在职科研成果知识产权的利益分享机制，以国家实验室为基础，孵化中药、集成电路、智慧城市、卫星通信等优势科研领域的新创企业。发展风险投资基金，加大政府对新产品、新服务的采购力度，扶持中小微企业发展。举办创新创业比赛，营造创新创业文化，以赛代投，以赛引才。

第三，发展横琴粤澳深度合作区。推动珠海、澳门大科学装置、国家实验室在横琴设立分支机构，制定各种科创要素跨境流通便利制度，促进两市科创系统融合。横琴还将承载澳门科创系统的中小试、检测与部分高端制造功能。

（九）珠海

珠海未来十年将围绕着打造珠江口西岸科技创新中心的战略定位，在科技创新体系构建上做努力。由此，提出以下三点建议：

第一，对接中心城市港深广澳、北京、上海以及欧美日发达国家，集聚科创要素。深入实施"珠海英才计划"，引进诺贝尔奖获得者及其实验室、院士、教授、卓越工程师、博士等拔尖人才。推进优秀青年零门槛入户，留住本地大学毕业生。深入实施"港澳人才发展支持计划"，推进与港澳人才职业资格、学历学位互认。推进科研设备、人才、数据跨境自由流通。结合珠海优势产业与未来产业继续大力招商引资。围绕横琴先进智能计算平台、"天琴计划"等大科学在装置，在现有电气、机械等优势产业基础上，引进人工智能、光电、软件、集成电路、数字经济、新材料、新能源等产业。围绕澳门四所国家重点实验室，支持澳门产业结构多元化，引进中医药、集成电路、人工智能、航天航空等产业。

第二，科技制度创新。利用珠海经济特区、自贸区与港澳特别行政区、自由港等制度优势，推动珠海科创制度创新并与港澳软联通。推动实验室、研究机构、大学科研成果的知识产权制度改革，建立创业型的研究机构、创业型大学。推动实验室联盟、研究院联盟、产学研协同，举办科创比赛、展会、论坛、协会，建立联系紧密的知识网络。建设粤港澳联合实验室。加快建立风险基金、期权、孵化器、加速器等创新制度、创新平台。孵化民营的中小科创企业成长，对不同阶段的优秀科创企业设计不同的支持政策。探索国企投资基金制度改革。

第三，实行产业园区专业化管理。相互协同的产业、技术、人才、大学集聚园区，改变目前珠海以综合园区为主的产业布局。按照知识网络来组织产业园区。例如，在横琴金融岛及其周边发展数字技术、科技金融。珠海未来十年，将聚焦集成电路、生物医药、新能源、新材料、高端打印设备、智能家电"5+1"重点产业领域，形成珠海具有国际竞争力的若干千亿元产值的产业集群。

（十）中山

中山的区位有点像德国：欧洲走廊。历史上的德国因此走廊而备受战乱之苦，并因此好学自强。中山要可持续创新发展，建议三点：

第一，苦修内功，奋发图强。推进中小企业与大企业建立研发联盟，主动对接一线城市的研发资源，加大企业内部研发力度。继续推进中山科技大学、澳门科技大学（中山）两所高水平大学的建设工作。推进中国科学院大学药学院中山学院、电子科技大学中山学院、广东药科大学中山校区、中山长春理工大学研究生院对研究生的培养工作。

第二，引进市外新产业、新技术、新人才。利用新技术、新人才改造提升传统产业。尤其是，引进深圳、广州的数字经济，建设工业互联网技术平台，发展智能制造新生态。

第三，利用交通区位，统筹建设湾区西岸宜居宜业的创新型城市。省委、省政府给中山的三个定位为："珠江东西两岸融合发展的支撑点、沿海经济带的枢纽城市、粤港澳大湾区的重要一极。"中山市政府要收编镇街规划权力，建设优美"交通走廊"，留住过往的天南海北的优秀人才。

（十一）江门

江门属于大湾区国际科技创新中心的外围城市，未来的科创发展应立足于大湾区，抓住江门核心竞争优势作为突破口而展开科技创新体系的未来规划。由此，提出以下三点建议：

第一，提升城市自身内生的科创能力，才能更好地吸收外生的发达国家和地区的先进科技。高水平建设五邑大学的理工科建设，培育卓越工程师。引进深圳、广州高新技术企业分公司或工厂，引进北上广深港澳的高水平研究机构。鼓励本地企业、大学与研究机构与北上广深港澳的科创主体合作，融入更为发达的知识网络。

第二，抓住中国科学院（江门）中微子试验站的建设机遇，推动大科学装置的开放共享，以此集聚全球高端人才和科创组织，建设江门中微子科学城。这一点可以向东莞中子科学城学习经验。

第三，立足江门中小微企业众多、港澳台企业众多的特点，拔高建设若干特色孵化器作为标杆并向全球宣传，关键是平台载体的软环境建设。江门中小微企业多为传统技术的企业，需要引进更多帮助传统技术升级的研究机构。充分调研摸清港澳台同胞以及华侨青年才俊回乡创业的各种顾虑和需求，在软环境上满足各种创业需求。

二、城市科创系统对接

（一）建设信息自由流动的知识网络

制定广东与香港、澳门之间科创要素（如生物样本数据）自由流动的便利措施。支持香港引进内地科技工作者的"优才计划"。推进科研资金"过河"。支持粤港澳联合研发，支持香港、澳门国家实验室与广东实验室体系对接共享，建设一批粤港澳联合实验室。支持香港、澳门的大学到内地开设分校。加快建设河套深港科技创新合作区、横琴粤澳深度合作区建设，推进港深、澳珠科创一体化。支持大湾区引进全球顶尖研究机构、跨国公司研发部门。支持大湾区企业走出去，到海外建立研发机构。发挥香港科创超级联系人的功能，发挥澳门作为中国与葡语国家商贸合作服务平台作用，推进大湾区与世界知识网络更加融合。

促进城市之间的科创联系。联通大湾区东西岸之间的交通、通信，使东岸的科创要素流向西岸。建议中山在深中通道出口附近，珠海在深珠通道出口附近，江门在高铁站附近，打造承接广深港澳产业转移的产业园区；建设珠海本地高水平大学，促进科创要素在珠海集聚，提升珠海作为西岸中心城市的首位度。推进深莞惠、广佛肇、珠中江都市圈的内部联系：东莞在临深片区、松山湖科学城、惠州在大亚湾、仲恺高新区积极对接深圳高新技术产业；佛山在三龙湾高端创新集聚区，肇庆在肇庆高新区、肇庆新区主动对接广州、深圳高新技术产业；深圳光明科学城、东莞松山湖科学城、广州南沙科学城联动，共同打造大湾区综合性国家科学中心。促进城市之间大学、科研机构与企业在各自优势领域展开合作。在城市之间组织科研联盟，突破产业核心关键技术。组织更多城市之间的学术论坛、高新技术产品展会，设立更多的科技协会、行业协会，促进科创信息在城市之间的流通。完善各城市的营商环境，通过自由市场引导科创信息跨城流动。

构建城市内部的科创网络。建设科技创新集群，推进科创要素在大学城、科学城、科技园区集聚。推进大学建设科技产业园，孵化初创企业。推进大学与企业、科研院所科创合作。建设高新技术人才居住社区，建设科技创新的社会网络。推进科创网络与经济网络、交通网络、通信网络、社会网络的协同、一体化。建设发达的资本市场、人才市场、技术市场，通过企业重组、裂变，人才流动带动科创信息自由流动，自由市场环境能繁衍更多的科创知识。

（二）加大研发投入，提升研发效率

制定系统的科研政策，激励科研主体加大研发投入，提升研发效率。坚持"四个面向"：面向世界科技前沿、面向经济主战场、面向国家重大需求、面向人民生命健康，把研发资金投入到国家、人民、经济需要的领域。通过省市共建省实验室、省市联合基金、政府投资引导基金、高等教育"冲补强"、省企联合基金、捐赠基金等多种方式，采取企业研发财政补贴、税收优惠等激励措施，引导地方政府、企业在城市优势的基础研究领域加大投入。大力发展科技创新金融集群，发展风险投资资金，探索"股权+债权"等创新金融工具，支持科创企业上市。加强知识产权保护，完善知识产权交易、入股、运营制度。鼓励龙头企业组织行业研发联盟，突破行业核心关键技术。优化国企科研资金投入使用管理制度。吸引跨国公司研发中心、诺贝尔奖获得者实验室进驻大湾区。

建设创业型大学。鼓励大学建设科学园、孵化器，成立科研成果转化办公室，有条件的设立大学风险投资基金。鼓励大学、企业与科研机构联合研发，建立研发联盟。深化"三部两院一省"产学研合作。推进科研院所建立现代管理制度。建设新型研发机构。优化对大学、科研机构的科研成果评价体系，提升大学、科研机构的科研效率。建设一批类似于德国弗劳恩霍夫协会的将知识转化为生产力的中小企业技术转化服务机构。

（三）培育卓越工程师与一流科学家

鼓励自由探索，减少政府对大学、科研机构的行政干预，增加产生颠覆性创新的可能。为年轻科学家提供宽松、优越的科研条件，培育世界一流科学家。促进大学教育与产业、科研院所需求相对接，鼓励大学、企业与科研院所联合培育人才。建设世界一流大学和一流学科。国家级大学主要从事周期长、风险大的基础研究。地方型大学主要从事面向区域经济需求的"短平快"的应用研究。高水平发展职业教育，培育大国大匠。学习硅谷，培育卓越工程师。吸引国外大学生、研究生、科学家与工程师回国，为海归人才提供优越平台与科研环境。吸引外国人才来华工作，推进外国人才来华签证制度、工作许可、税收优惠、人才认定、永久居留等方法的改革。建设外国人才、海归人才集居地、创业园。推进国内大学与国外大学、科研机构与企业学术交流、科研合作，融入全球科创网络。

（四）建设大科学装置集群

围绕大湾区产业发展需求，根据不同城市的产业基础及其优势科技领域，在不同城市布局不同领域的大科学装置，建设大科学装置集群。在深圳、广州、珠海布局研究超级算力、未来网络环境的信息科学的大科学装置；在深圳、广州布局研究基因、细胞到组织器官的生命科学的大科学装置；在东莞松山湖布局研究物质结构的材料科学的大科学装置；在广州南沙布局研究深海能源与资源开发、环境监测的海洋科学的大科学装置；在惠州大亚湾布局研究新一代核能、天然气水合物等新能源开发利用的能源科学大科学装置；在江门布局研究基础物理的大科学装置；在南沙布局研究高超声速风洞的航空航天领域的大科学装置（见表9-14）。推动大科学装置向国内外科学家开放，以大科学装置为核心建设科学城，集聚全球高端科创资源。推动大学、科研机构与企业围绕着大科学装置产生的科研成果进行产业化，吸引孵化机构、创投机构跟随进驻，建设科创集群。

表9-14　粤港澳大湾区大科学装置布局

科学领域	大科学装置
信息科学	国家超级计算广州中心、深圳中心（广州、深圳）；未来网络试验设施（深圳）；鹏城云脑（深圳）；国家智能超算平台（珠海横琴）

科学领域	大科学装置
生命科学	国家基因库二期（深圳大鹏）、合成生物研究重大科技基础设施（深圳光明）、脑解析与脑模拟重大科技基础设施（深圳光明）、人类细胞谱系装置（广州国际生物岛）、精准医学影像大设施（深圳）
材料科学	散裂中子源二期（东莞松山湖）、先进阿秒激光设施（东莞松山湖）、南方先进光源装置（东莞松山湖）
海洋科学	新型地球物理综合科学考察船（广州）、天然气水合物钻采船（广州南沙）、冷泉生态系统装置（广州南沙）、极端海洋动态过程多尺度自主观测科考设备（广州南沙）
能源科学	强流重离子加速器（惠州）、加速器驱动嬗变研究装置（惠州）
基础物理	江门中微子实验站（江门）
航空航天	智能化动态宽域高超声速风洞（广州南沙）

资料来源：笔者整理。

（五）建设智慧城市集群

运用新一代信息技术升级每一座城市的各行各业，发展智慧农业、智能制造、智慧建造、智能电网、智慧教育、智慧医疗、数字政务等。利用香港、澳门智慧城市领域的国家重点实验室的研发力量，以及深圳、广州新一代电子信息产业的发展基础，在港深广澳还有珠海等中心城市先行先试建设智慧城市标杆工程，带动周边城市的智慧城市建设，建设智慧城市群。在广州、深圳建设低时延类小型或边缘数据中心，利用广州、深圳超级计算中心，推进广深联动建设人工智能技术新高地。推进数据要素跨越三个关税区自由且安全地流动，探索建立大湾区跨境大数据中心，推进信息网络基础设施跨境互联互通，建设"数字大湾区"。

参考文献

[1] 魏南枝．社会不平等的经济结构因素与矛盾聚焦——基于香港与纽约的对比研究 [J]．港澳研究，2021（2）：10-19，94.

[2] 封小云．香港经济转型：结构演变及发展前景 [J]．学术研究，2007（8）：52-59.

[3] 徐岩，俞真．发展香港科技创新，推动社会向上流动 [D]．香港科技大学商学院，2022.

[4] 郭万达，廖令鹏．深圳特区 40 年：促进企业家创新的七大因素

[J]．开放导报，2020，8（4）：73-78．

[5] 深圳市人民政府新闻办公室．高质量发展高地 [EB/OL]．http：//www．sz．gov．cn/cn/zjsz/gl/content/post_10221094．html，2022-11-08．

[6] 赵雅楠，吕拉昌．深圳创新城市建设中的香港因素 [J]．科技管理研究，2021（1）：22-28．

[7] 谭裕华，冯邦彦．金融危机以来东莞加工贸易企业转型升级分析 [J]．科技管理研究，2021（1）：66-70．

[8] 东莞市人民政府．东莞市国民经济和社会发展第十四个五年规划和2035年远景目标纲要 [R]．2021．

[9] 惠州市人民政府．惠州市国民经济和社会发展第十四个五年规划和2035年远景目标纲要 [R]．2021．

[10] 广州市人民政府．广州市国民经济和社会发展第十四个五年规划和2035年远景目标纲要 [R]．2021．

[11] 肇庆市人民政府．肇庆市国民经济和社会发展第十四个五年规划和2035年远景目标纲要 [R]．2021．

[12] 澳门特别行政区政府统计暨普查局．澳门经济适度多元发展统计指标体系分析报告 [R]．2021．

[13] 澳门贸易投资促进局研究及资料处．澳门科创环境及培育概况分析 [R]．2019．

[14] 马跃东，阎小培．珠海改革开放20年城市发展的理性思考 [J]．经济地理，2004，24（1）：67-90．

[15] 珠海市人民政府．珠海市科技创新"十四五"规划 [R]．2021．

[16] 珠海市人民政府．珠海市国民经济和社会发展第十四个五年规划和二〇三五年远景目标纲要 [R]．2021．

[17] 胡钰衍，吴志远．珠海多方面重点发力科技创新，建设大湾区创新高地 [EB/OL]．https：//static．nfapp．southcn．com/content/201901/22/c1867533．html．南方日报，2019-01-22．

[18] 中山市科学技术局．中山市科技创新"十四五"规划 [R]．2021．

[19] 江门市科学技术局．江门市科技创新"十四五"规划 [R]．2021．

[20] 东莞市人民政府．东莞市科技创新"十四五"规划 [R]．2022．

[21] 惠州市人民政府．惠州市科技创新"十四五"规划 [R]．2022．

［22］广州市人民政府．广州市科技创新"十四五"规划［R］.2022.

［23］陈品宇，李鲁奇．区域建构：佛山融入粤港澳大湾区建设的政策和策略响应［J］．热带地理，2019（9）：625-634.

［24］佛山市人民政府．佛山市国民经济和社会发展第十四个五年规划和2035年远景目标纲要［R］.2021.

［25］佛山市人民政府．佛山市科学技术发展"十四五"规划［R］.2022.

［26］肇庆市人民政府．肇庆市人民政府关于印发肇庆市科技创新"十四五"规划的通知［R］.2022.

［27］中山市人民政府．中山市国民经济和社会发展第十四个五年规划和2035年远景目标纲要［R］.2021.

附　表

附表 9-1　2020 年珠三角各市主要科技投入指标

地市	地方财政科技拨款（亿元）	占地方财政总支出比重（％）	R&D 人员全时当量（万人年）	R&D 经费（亿元）	R&D/GDP（％）
全省	955.73	5.48	87.22	3479.88	3.14
广州	224.13	7.59	16.04	774.84	3.10
深圳	336.63	8.06	34.58	1510.81	5.46
珠海	51.51	7.60	3.14	113.52	3.26
佛山	101.56	10.12	7.24	288.56	2.67
惠州	24.56	3.85	4.74	126.52	3.00
东莞	34.19	4.07	10.84	342.09	3.54
中山	23.93	6.37	2.48	73.97	2.35
江门	16.73	3.78	2.80	78.57	2.45
肇庆	10.16	2.36	0.77	24.94	1.08

注：地方财政科技拨款采用一般公共预算支出中的执行额。

资料来源：广东科技厅网站，http：//gdstc.gd.gov.cn/zwgk_n/sjjd/index.html。

附表 9-2　2010~2020 年珠三角各市 R&D/GDP 情况

年份 地市	2010	2011	2012	2013	2014	2015	2016	2017	2018	2019	2020
全省	1.76	1.97	2.17	2.31	2.35	2.41	2.48	2.56	2.71	2.87	3.14
广州	1.79	1.92	1.94	1.90	2.00	2.10	2.34	2.48	2.86	2.84	3.10
深圳	3.48	3.62	3.77	4.03	4.00	4.18	4.32	4.34	4.60	4.92	5.46
珠海	1.74	2.01	2.52	2.53	2.53	2.64	2.48	2.51	2.86	3.14	3.26
佛山	1.65	1.90	2.26	2.33	2.48	2.45	2.32	2.37	2.55	2.68	2.67
惠州	1.11	1.58	1.91	2.08	1.98	2.03	2.05	2.19	2.35	2.61	3.00
东莞	1.22	1.51	1.66	2.00	2.16	2.36	2.41	2.48	2.68	3.06	3.54
中山	1.92	2.12	2.20	2.35	2.39	2.36	2.37	2.31	2.00	2.09	2.35
江门	0.97	1.25	1.49	1.61	1.74	1.80	1.78	1.91	2.09	2.26	2.45
肇庆	0.64	0.77	0.86	0.94	0.94	1.00	1.06	1.15	1.08	1.10	1.08

资料来源：广东科技厅网站，http://gdstc.gd.gov.cn/zwgk_n/sjjd/index.html。

附表 9-3　2020 年珠三角各市技术合同登记情况

地市	合同数（项）	成交金额（亿元）	#技术交易额（亿元）
全省	39841	3465.86	2648.88
广州	22849	2256.53	1481.44
深圳	11713	1036.24	1023.12
珠海	371	40.10	32.74
佛山	2653	22.41	13.53
惠州	216	11.20	10.92
东莞	275	69.53	67.99
中山	415	7.84	7.24
江门	350	5.63	5.37
肇庆	136	3.01	2.27

资料来源：广东科技厅网站，http://gdstc.gd.gov.cn/zwgk_n/sjjd/index.html。

附表9-4 2020年珠三角各市高校学科建设情况

地市	进入 ESI 1% 大学数	ESI 1% 学科数	进入 ESI 1‰ 大学数	ESI 1‰ 学科数
全省	15	86	2	8
广州	11	74	2	8
深圳	2	10		
珠海				
佛山				
惠州				
东莞				
中山				
江门				
肇庆				

资料来源：广东科技厅网站，http：//gdstc. gd. gov. cn/zwgk_n/sjjd/index. html。

附表9-5 2020年珠三角各市科技企业孵化载体

地市	孵化器（个）	孵化器总面积（万平方米）	在孵企业（个）	当年毕业企业（个）	众创空间（家）
全省	1104	1970. 06	34553	4364	1038
广州	350	586. 70	12042	1195	244
深圳	215	477. 73	6979	1102	337
珠海	36	74. 37	1306	113	36
佛山	115	266. 67	3280	453	86
惠州	44	101. 15	1000	101	31
东莞	118	207. 77	3709	560	73
中山	45	75. 19	1405	189	50
江门	37	49. 15	1152	135	35
肇庆	43	34. 33	899	81	26

资料来源：广东科技厅网站，http：//gdstc. gd. gov. cn/zwgk_n/sjjd/index. html。

附表 9-6 2020 年珠三角各市主要创新平台

地市	高新技术企业	国家工程技术研究中心	省工程技术研究中心
全省	53856	23	5944
广州	11612	9	1625
深圳	18699	6	864
珠海	2102	4	284
佛山	5694		754
惠州	1629		180
东莞	6413	1	439
中山	2389		344
江门	1850		386
肇庆	674	1	147

资料来源：广东科技厅网站，http：//gdstc. gd. gov. cn/zwgk_n/sjjd/index. html。

附表 9-7 2020 年珠三角各市实验室数量

实验室体系	国家重点实验室			广东省实验室	粤港澳联合实验室	广东省重点实验室		合计
	学科类国重	企业类国重	省部共建国重			学科类重点实验室	企业类重点实验室	
全省	12	13	5	25	20	272	124	471
广州	12	5	4	4	10	206	35	276
深圳		5	1	4	5	42	15	72
珠海		1		1	2	1	3	8
佛山		2		1	2	2	26	31
惠州				1		1	4	6
东莞		1		1	1	3	7	13
中山							6	6
江门							2	2
肇庆		1		1		1	4	7

资料来源：广东科技厅网站，http：//gdstc. gd. gov. cn/zwgk_n/sjjd/index. html。

附表 9-8 2018~2020 年珠三角各市高新技术产品产值

地市	2018 年		2019 年		2020 年	
	高新技术产品产值（亿元）	占规上工业总产值比重（%）	高新技术产品产值（亿元）	占规上工业总产值比重（%）	高新技术产品产值（亿元）	占规上工业总产值比重（%）
全省	71161.19	50.7	75290.50	51.5	78730.01	53.0
广州	8986.75	48.3	9512.94	49.0	10713.54	52.7
深圳	23871.71	67.4	26277.98	70.4	27849.10	72.4
珠海	2712.01	60.5	2820.72	60.7	2843.51	62.3
佛山	9634.22	44.6	10379.08	44.7	10354.83	44.9
惠州	4178.55	54.3	3954.62	53.2	4010.49	52.0
东莞	11957.86	58.6	12183.94	56.5	12358.00	56.5
中山	2809.77	54.9	2860.93	55.4	3041.62	56.6
江门	2130.21	48.3	2146.03	50.5	2252.62	51.4
肇庆	942.39	32.7	1029.47	33.0	847.54	25.9

资料来源：广东科技厅网站，http：//gdstc.gd.gov.cn/zwgk_n/sjjd/index.html。

附表 9-9 2020 年珠三角各市国家高新区企业主要指标

地市	入统企业（个）	工业总产值（亿元）	营业收入（亿元）	出口总额（亿元）	净利润（亿元）
合计	21127	41587.69	57140.21	10288.63	5116.57
广州	5707	7691.78	12831.22	1176.53	1037.44
深圳	7025	13556.88	20683.86	4192.74	2413.59
珠海	1611	2354.85	3184.48	760.50	457.04
佛山	2365	4433.66	5215.34	876.00	378.49
惠州	759	2264.55	2482.00	904.74	174.22
东莞	908	5071.69	5898.31	1110.59	184.00
中山	797	1501.19	1761.36	545.21	118.33
江门	715	1259.57	1297.32	358.39	76.39
肇庆	295	632.03	655.21	54.91	30.92

资料来源：广东科技厅网站，http：//gdstc.gd.gov.cn/zwgk_n/sjjd/index.html。

附表 9-10 2020 年珠三角各市高新技术企业主要指标

地市	统计企业 （个）	从业人员 （万人）	营业收入 （亿元）	工业总产值 （亿元）	出口总额 （亿元）
全省	52797	764.86	93069.59	69689.26	17205.4
广州	11423	117.72	17593.41	9305.19	1253.07
深圳	18180	259.59	34547.04	24318.33	7460.83
珠海	2065	30.48	3937.49	2912.25	691.95
佛山	5638	69.89	7440.98	6350.2	1383.52
惠州	1608	49.09	3641.09	3452.88	1277.92
东莞	6242	109.47	13960.57	12218	2995.82
中山	2340	37.51	2846.67	2609.88	790.34
江门	1831	26.14	2514.13	2453.78	528.55
肇庆	679	10.23	923.3	896.96	85.67

资料来源：广东科技厅网站，http：//gdstc.gd.gov.cn/zwgk_n/sjjd/index.html。

后　记

　　光阴冉冉，再回首已经是两鬓斑白。四年前的秋天，在深圳书城 24 小时书吧，凌晨两点半，我写完课题申报书。当时申报书设想的写作框架与现在著作的框架已经是大相径庭，这让我深切感受到学者自由探索的必要性。面对一个未知的学术领域，连专注该领域研究的学者都不确定研究结果，管理者或者评审专家也只能是提供咨询意见而已。国际科技创新中心，确实是一个非常复杂、多学科交叉的研究领域。国际关系学、科技史、创新地理学、创新经济学、区域经济学等学科都会有所涉及，现在的框架也是在课题立项后的摸索中确立下来的。

　　本书的研究、写作是在粤港澳大湾区完成的。大多数时间是在深圳图书馆、深圳书城，有时也会在香港中央图书馆、松山湖畔、江门的潭江畔。著作即将付梓，离不开许多友善的帮助。在此特别感谢东莞理工学院经济与管理学院对该著作出版发行的资助！感谢各位老师对课题申报书的修改意见。感谢刘春老师告知学院出版资助的事宜。感谢科研部魏瑞欣老师在申报书送出之前的几小时指出申报书的小小失误。没有这些友善帮助，此书不一定能出版。还必须感谢广东省哲学社会科学规划领导小组办公室对课题成果的肯定！感谢我的挚友李思平先生、闻艳梅女士允许我绑定他们的图书证为亲情证号，感谢他们对我艰苦研究工作的鞭策与鼓励。还要感谢一群小朋友，我的学生，协助我找资料，与我讨论，他们是黄松德、李佳颖、陈雅妮、何宏达、谢墨、李冰、陶佳凝、刘沁以、李淑华，等等。

　　学无止境。此次学术探索旅程的终结，也是下一次学术探讨旅程的开始。展望未来，关于创新地理学、创新经济学的很多新问题、新现象会随着科技进步而出现，而经济学者如何破除旧思想的束缚，确立新的研究范式，用科学方法、科技工具发展经济学，促进科技与经济一体化发展，也是一项非常有挑战的任务。我国社会主义现代化为经济学研究提供了非常新颖的素材，我相信，我国经济学研究定将在人类科学史上留下浓墨重彩的一笔，也必将促进中华民族的伟大复兴！

谭裕华

2023 年 10 月于松山湖畔